黑山峡河段工程供水方案研究

李克飞　贺逸清　杨丽丰
高志强　刘　娟　苏　柳　著

黄河水利出版社
·郑州·

图书在版编目(CIP)数据

黑山峡河段工程供水方案研究/李克飞等著. —郑
州:黄河水利出版社,2021.8
ISBN 978-7-5509-3081-0

Ⅰ. ①黑…　Ⅱ. ①李…　Ⅲ. ①水资源开发-研究-宁
夏②水资源保护-研究-宁夏　Ⅳ. ①TV213

中国版本图书馆 CIP 数据核字(2021)第 174672 号

出　版　社:黄河水利出版社　　　　　　　　　　　网址:www.yrcp.com
　　　　　　地址:河南省郑州市顺河路黄委会综合楼 14 层　　邮政编码:450003
发行单位:黄河水利出版社
　　　　　　发行部电话:0371-66026940、66020550、66028024、66022620(传真)
　　　　　　E-mail:hhslcbs@ 126. com
承印单位:广东虎彩云印刷有限公司
开本:787 mm×1 092 mm　1/16
印张:11. 25
字数:260 千字
版次:2021 年 8 月第 1 版　　　　　　　　　　印次:2021 年 8 月第 1 次印刷
定价:70. 00 元

前　言

　　黑山峡河段工程供水辐射范围覆盖宁夏中部、陕西北部、内蒙古中西部、甘肃东部等地,这一区域是革命老区,政治地位独特,同时区域范围内能源矿产资源富集,土地资源丰富,是国家规划重点建设的"能源金三角"和后备土地资源开发区。但由于该区域地处毛乌素沙地、黄土高原的过渡地带,生态环境脆弱,水资源始终是制约当地经济、社会、生态环境协调发展的关键因素,直接影响该区域能源工业、畜牧养殖等脱贫产业发展和国家"能源金三角"建设。开展黑山峡河段工程供水方案研究,确保为这一被誉为"能源金三角"区域的经济、社会、环境与资源的稳定及协调发展提供水资源条件的支撑,具有重要的科学意义和实用价值。

　　本书在分析陕甘宁蒙等地水资源开发与保护现状及存在问题的基础上,从以下几个方面开展供水方案的研究:一是进一步对黑山峡河段工程近、远期不同来水情景可能的辐射范围和现状及规划供水工程的供水范围及供水对象进行深入研究,确定本次黑山峡河段工程的供水范围和供水对象;二是针对革命老区振兴、生态保护、后备耕地等需求,预测供水范围各行业发展对水资源的需求;三是建立统筹资源-环境-经济的水资源配置模型,提出黑山峡河段工程供水方案,为陕甘宁蒙革命老区的水资源利用、配置、节约、保护和管理提供科学依据。

　　全书共分为9章。第1章介绍了开展黑山峡河段工程供水方案研究的背景与重要意义、本次研究的主要内容和技术路线;第2章从国家战略、水资源配置格局、发展平衡、生态安全、能源安全及粮食安全等方面,分析论证了黑山峡河段工程建设的必要性;第3章通过深入研究黄河黑山峡河段近期、远期不同来水情景可能的辐射范围和现状及规划供水工程,确定了本次黄河黑山峡河段工程的供水范围和供水对象;第4章阐述了供水范围的自然地理概况,以及社会经济状况;第5章深入剖析、全面系统地诊断了供水范围存在的水资源开发利用及生态环境问题;第6章根据供水方案研究的指导思想,分析提出了黑山峡河段工程的供水目标;第7章结合陕甘宁蒙社会经济发展定位、能源及粮食安全、生态环境保护需求等多目标,预测供水范围各供水对象未来的用水需求,建立了统筹资源-环境-经济的水资源配置模型,提出黑山峡河段工程供水方案;第8章根据水源、地形、地质等条件,结合当地经济状况,选择合适的输水方式,研究提出了工程布局及线路规模;第9章为对前文的总结及提出的建议。

　　本书撰写人员及分工如下:第1章由贺逸清撰写;第2章由李克飞撰写;第3章由李克飞、贺逸清、高志强和苏柳撰写;第4章由贺逸清、李克飞、高志强和苏柳撰写;第5章由李克飞、苏柳和高志强撰写;第6章由贺逸清、李克飞撰写;第7章由李克飞、贺逸清、苏柳撰写;第 8 章由刘娟、李克飞撰写;第 9 章由高志强、贺逸清撰写。全书由李克飞、贺逸清、杨丽丰统稿,由杨丽丰校核。

在规划编制和本书撰写过程中,宁夏回族自治区水利厅等有关单位给予了大力协助和无私帮助,黄河水利出版社李洪良在出版过程中给予了大力支持。在此,一并表示衷心的感谢。

由于问题的复杂性以及研究时间和作者水平的限制,书中难免存在片面、认识不足甚至错误之处,敬请批评指正!

作者

2021 年 5 月

目　录

1 研究背景及主要内容

1.1 研究背景

黑山峡河段工程供水辐射范围包括宁夏中部、陕西北部、内蒙古中西部、甘肃东部等,该区域既是回族、蒙古族等少数民族聚居区,又是革命老区,政治地位独特,曾经是中国共产党和红军长征胜利的落脚点、抗日战争和解放战争的出发地,也是六盘山集中连片特困地区,更是在全国占有十分重要地位的能源矿产基地和重要的后备土地资源地区。该区域地处鄂尔多斯盆地和黄土高原交接地带,地势较高,气候条件相对较差,平均降水量低于 400 mm,属于干旱半干旱区,人均水资源量仅为全国平均水平的 10% ~ 15%,远低于国际公认的人均 1 000 m³ 的缺水警戒线,是典型的资源型缺水区域,且区域内水质差,矿化水、苦咸水、氟砷水广泛分布,水资源的开发利用难度大、成本高,供水量及保证程度低。

黑山峡河段工程辐射区域,气候干旱、降水稀少,水资源始终是制约当地经济、社会、生态协调发展的关键因素和最难解决的关键问题,直接影响着该区域能源工业、畜牧养殖等脱贫产业的发展和国家"能源金三角"建设,影响革命老区,特别是深度贫困地区的稳定脱贫。同时,由于区域内局部地区水资源过度开发利用,已造成地下水位下降;由于生产用水大量挤占生态用水,河流水系断流加剧,生产、生活与生态环境用水的矛盾十分尖锐,脆弱的生态环境不断恶化等问题突出。今后,随着区域城镇化、工业化、农业现代化的快速发展,水资源与土地资源、生态资源、经济布局不相匹配的问题将更加凸显,用水需求的不断增加与有限的当地水资源总量之间的矛盾将进一步加大。

党的十八大以来,以习近平同志为核心的党中央,把脱贫攻坚摆到治国理政的重要位置。2012 年 3 月,国家发展和改革委员会以发改西部〔2012〕781 号印发了《陕甘宁革命老区振兴规划》,提出了包括水资源利用在内的 12 项保障措施,范围包括陕西省的延安、榆林、铜川,甘肃省的庆阳、平凉,宁夏回族自治区的吴忠、固原、中卫等 8 个地级市。

实施黑山峡河段工程供水方案研究,可提高革命老区的供水安全保障程度,对促进区域扶贫开发、优化产业结构、推进新型城镇化、服务于"丝绸之路"经济带建设,实现建设"小绿洲",保护"大生态"等均具有十分重要的作用。同时,对优化区域水资源配置,实现"空间均衡"和现状供水实施提档升级,助力脱贫攻坚,支撑国家经济社会协调发展和保障国家生态安全、能源安全具有重要意义,也是贯彻落实党的十九大提出的平衡发展和充分发展的要求。

1.2　主要研究内容

（1）综合考虑黑山峡河段工程供水功能定位，从支撑区域生态安全、能源安全和粮食安全等方面，分析论证工程建设的必要性。

（2）从支撑周边地区经济社会发展和生态文明建设的现实要求及战略需要出发，重点围绕周边区域脱贫攻坚战略实施、城镇化建设、用水安全保障、重点产业支持和生态文明建设等实际需要，研究黑山峡河段工程供水范围。

（3）分析受水区水资源开发利用现状和存在的主要问题。结合人口和社会经济发展及生态环境建设要求，预测受水区社会经济发展和生态环境指标及需水量；分析受水区现状及规划工程的可供水量；在水资源系统概化基础上，开展受水区水资源供需分析计算。

（4）根据受水区水资源供需分析成果，充分利用已有研究和规划成果，分析研究合理的供水方案；根据供水水源和用水户分布，研究提出供水工程的总体布局，在此基础上进行工程布置及规模分析，匡算工程投资。

1.3　技术路线

开展实地调研和资料收集、分析及整理，进行供水工程建设的必要性论证、受水区范围及供水对象分析、经济社会发展和生态环境指标预测、需水预测、可供水量预测、水资源供需分析、供水工程规划研究、工程实施意见及建议等内容，开展供水方案研究。

首先，综合考虑水资源开发利用的功能定位、辐射范围，以及周边地区的水资源安全形势等，研究分析黑山峡河段工程的供水范围及供水对象。考虑区域生态环境状况、水资源条件、产业布局等要素，论证黑山峡河段工程建设的必要性。

其次，对受水区进行现状和发展需求等，分析社会经济发展、水资源开发利用和生态环境保护现状及存在的主要问题，在此基础上，开展社会经济和生态环境指标及需水预测，进行水资源供需分析，分析受水区缺水量及其分布。

开展黑山峡河段工程方案规划研究，包括工程布局、工程布置及规模等。

黑山峡河段工程供水方案研究技术路线见图1-1。

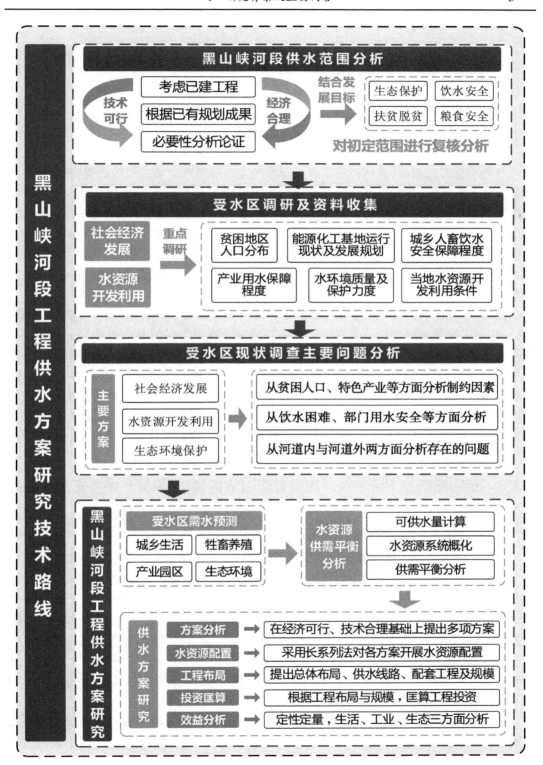

图 1-1 黑山峡河段工程供水方案研究技术路线

2　工程建设必要性分析

2.1.1　支撑黄河流域生态保护和高质量发展重大国家战略

　　习近平总书记指出,黄河流域是我国重要的生态屏障和重要的经济地带,是打赢脱贫攻坚战的重要区域,在我国经济社会发展和生态安全方面具有十分重要的地位。保护黄河是事关中华民族伟大复兴和永续发展的千秋大计。黄河流域生态保护和高质量发展,同京津冀协同发展、长江经济带发展、粤港澳大湾区建设、长三角一体化发展一样,是重大国家战略。加强黄河治理保护,推动黄河流域高质量发展,积极支持流域省(区)打赢脱贫攻坚战,解决好流域人民群众特别是少数民族群众关心的防洪安全、饮水安全、生态安全等问题,对维护社会稳定、促进民族团结具有重要意义。

　　黑山峡河段工程的供水范围大部分地处黄土高原腹地,海拔较高,水利基础设施薄弱,一些地区守着黄河却用不上水。未来随着黄河流域生态保护和高质量发展重大国家战略的逐步实施,生活用水和工业用水比例增大、农业高效节水面积增加,对供水保证率和水质要求明显提高。同时,作为脱贫致富的主要措施之一,对农村人饮的集中供水率、水质保障、工程运行和维护都提出了更高的要求。黑山峡河段工程是战略性水资源配置工程,对于解决革命老区人民守着黄河喝不到黄河水的困境,保障饮水安全,对促进陕甘宁蒙等地区的经济社会发展和民族团结,加强生态建设和保护,促进国家生态、粮食、能源安全有重要意义,是支撑黄河流域生态保护和高质量发展的迫切需要。

2.1.2　是构建陕甘宁蒙水资源配置骨架网络格局,保障城乡供水安全的重要依托

　　(1)构建陕甘宁蒙水资源配置骨架网络格局。

　　现状年供水范围主体水源仍是数量众多的蓄引提水工程,普遍存在供水保证率低、抗御干旱能力弱、供水安全保障能力低等问题。现状水资源配置不尽合理,存在局部地下水过度开采等问题,尤其是银川、靖边等部分工业生产仍依靠大量开采使用地下水,不符合水资源管理和环保要求。同时,供水范围尚缺乏互联互通、丰枯互济的水资源配置网络,多数城市、工业园区水源单一,供水安全性和应急备用能力较低,不能满足城市群持续发展的水需求。此外,北洛河流域、无定河流域、延河流域等部分支流水资源开发过度,生态环境用水遭到不同程度的挤占,区域水资源、经济社会发展和生态环境间的关系难以协调。

　　与国家中东部地区相比,受水区经济发展水平滞后。到2030年,要与全国一起基本实现现代化,还需要更多基础条件的支撑。随着"一带一路"经济带建设,黑山峡河段工程辐射地区城市化建设、产业发展和生态保护对水资源需求将继续刚性增长。供水范围现有水资源配置体系供水能力有限,问题较多,远不能满足未来城市群建设、工业集聚发

展、灌溉扶贫开发和生态修复等发展用水要求,迫切需要建设新的水源工程。

黑山峡河段工程在陕甘宁蒙水资源配置网络中起核心关键作用。工程设计从大柳树坝址水库引水,取水口高程1 350 m,向黄河东西两岸城市群、能源基地和灌区农业及生态环境供水,供水范围覆盖宁夏、陕西、甘肃、内蒙古广大地区。工程建成后,受水区将形成以黑山峡河段工程为主体,以其他水源为重要支持,覆盖全局、互联互通、优化高效、保障可靠的水资源配置骨架网络,将从根本上解决2035年受水区经济社会发展和生态保护面临的缺水问题,实现水资源优化配置,高水高用,压减保护地下水,退还挤占生态水。同时,还将极大地提高受水区应对特殊情形下的水资源应急备用和保障能力。

(2)保障城乡用水安全,改善城乡人民生活用水水质。

随着"一带一路"经济带建设,黑山峡河段工程受水区城镇发展速度及发展水平将会大幅度提高,到2035年城市用水量较现状增加1.8倍左右,同时对供水水质也提出了更高要求。

目前,受水区农村饮水安全方面存在的主要问题是地表水、地下水资源短缺且水质差,同时现有供水工程标准低,加之缺乏水处理设施,饮水水量和水质均无保证,是一个资源型、水质型和工程型缺水并存的地区。据调查,受水区部分地区水质为高矿化水、高氟水,氟病是黑山峡河段附近地区一种十分严重的地方病,主要是由于饮用水含氟量过高所致。氟病轻度患者牙齿发黄逐渐变黑,粗糙如粉笔状,残缺不全,直至断裂;中度患者弯腰驼背,失去劳动力;重病患者四肢畸形、骨折,直至瘫痪。主要集中在甘肃、宁夏、内蒙古和陕西的水质不安全地区,且农产品中含氟量也严重超标。人畜饮水的严酷现实,迫切需要建设新的水源供水工程。黑山峡河段工程的建设将使宁夏、内蒙古、陕西、甘肃4省(区)多个行政村人口受益,此外还可解决牲畜等畜牧业的饮水安全问题。

自20世纪70年代起,在国家的大力支持下,宁夏、陕西、甘肃和内蒙古4省(区)先后建成固海、盐环定、扶贫扬黄、李井滩、景电、兴电等一大批扬黄灌溉工程,有效地解决了部分贫困群众的饮水和生产用水问题。但已有工程建设规模偏小、建设标准偏低,近年现状工程的供水能力已与当地生产、生活用水快速增长的需求极不相适应。该地区多年平均降水量200~400 mm,重旱和特大干旱发生概率高达71.9%。目前,各种水利工程措施和饮水自救方法,遇到干旱年份,用水问题尤为突出。

人畜饮水及城乡用水的严酷现实,迫切需要建设新的水源工程。黑山峡河段工程的实施,将解决供水范围内的城乡人畜饮水问题,保障城乡供水安全,从根本上改善区域内"喝不上水、喝不起水、喝不上好水"的状况。

2.1.3　解决区域发展不平衡不充分问题,巩固脱贫致富成果和助力乡村振兴

黑山峡河段工程供水区是我国经济社会发展相对滞后的地区,是贫困人口最为集中的地区之一。长期以来,由于气候干旱、地形复杂、水利等基础设施薄弱等因素,大部分地区经济发展滞后,是全国最贫困地区之一。根据《中国农村扶贫开发纲要(2011—2020年)》,研究范围内甘肃庆阳市庆城县、环县、华池县、合水县,宁夏吴忠市同心县等多个县列入全国11个连片特困地区的六盘山区内,均为国家扶贫工作重点县,人均GDP远低于

全国平均水平。受水区范围内人均水资源占有量约为全国人均占有量的 1/10，水资源严重缺乏制约着该地区的工农业发展，也是人民生活贫困的根本原因。

（1）改善区域人居生态环境，保障民生。

黑山峡河段工程辐射区域是中国生态环境最为脆弱的地区之一，气候干旱、土地沙化、生态环境十分恶劣，存在自然灾害频发、生态系统失调、社会经济落后等诸多严峻问题。据统计，2016 年区域内城镇生态环境用水量仅 2.6 亿 m³，生态环境用水定额仅为 1.69 L/（m²·d），低于规范标准。城镇人均绿地面积远低于黄河流域人均绿地面积 34 m²，人均水面面积很小，与习近平总书记在河南主持召开的黄河流域生态保护和高质量发展座谈会上的要求差距较大，与生态环境宜居的城市极不相适应，与人民美好生活的向往之间存在很大差距。

（2）保障工业用水安全，支撑城市发展，巩固脱贫成果。

供水范围内能源矿产资源富集，是国家规划重点建设的"能源金三角"地区。但受水资源短缺等基础条件的制约，受水区内的吴忠市盐池县、同心县东部、红寺堡区招商引资困难，企业不愿意到此落户，现有企业难以扩大生产规模，严重影响产业发展，人均工业增加值仅 0.79 万元。

供水范围现有 27 个工业园区，其中，宁夏 13 个、陕西 9 个、甘肃 4 个、内蒙古 1 个。红寺堡区、同心县东部和盐池县 2016 年人均 GDP 仅 2.48 万元，产业发展起点低，工业化进程缓慢，经济社会发展相对滞后，与东、中部差距较大。研究水平年迫切需要依托当地产业特点，加快推进清真食品、绿色果蔬农副产品加工产业，枸杞、中药材种植及深加工产业，羊绒、草畜产业，风电及光伏新能源产业等适合当地特色的产业布局，促进区域经济发展。结合当地区域发展诉求，按照到 2035 年基本实现社会主义现代化的目标，预测 2035 年人均 GDP 达到 14 万元。

从各工业园区供水保障情况分析，一是部分园区以企业自备水源为主，或依靠城市管网供水，水源单一、分散、规模小，供水保障压力大，供水不足导致生产停滞等情况时有发生；二是大部分园区缺乏长远有效的水源保障规划，不能支撑保障工业园区持续发展用水安全。根据预测，2035 年、2050 年供水范围工业园区总需水量分别为 12.0 亿 m³、16.3 亿 m³，现有供水体系远不能满足工业园区长远发展用水需求。

黑山峡河段工程具有供水能力强、保障程度高、覆盖范围大等特点，可从根本上保障受水区工业园区长远发展用水安全。

（3）保障灌溉用水，提高农业产量，增加农民收入，支撑乡村振兴。

长期以来，该地区农业生产"靠天吃饭"，广种薄收，农作物产量低而不稳，广大农民一直未能摆脱贫困落后的局面。受水区范围内 2016 年耕地实灌率不到 20%，大部分耕地缺乏供水水源，仍以靠天收为主，农业产量低而不稳，严重制约了区域农业生产的高质量发展。同时由于已有工程扬程高、灌溉用水成本高昂、地方财政负担重、工程运行窘迫，投入产出效益甚至为负。

黑山峡河段工程实施后，可以使陕甘宁蒙 4 省（区）的 192 万亩（1 亩 = 1/15 hm²，后同）扬水灌区实现自流灌溉，187 万亩扬水灌区降低扬程 15~160 m，大大降低电费和运行费用支出，减轻农民和地方政府负担，同时为该地区提供稳定的水资源，促进产业高质量发展,提高农业产量,推进城乡一体化发展,带动乡村产业发展,增加农民收入,提高人民生活水平,为当地群众脱贫致富和带动乡村振兴创造有利条件。

黑山峡河段工程为融生态修复、绿洲农业、能源开发和扶贫解困为一体的大型工程,兼具生态效益、经济效益和社会效益,可以提高受水区经济社会的发展和人居环境的水安全,有助水体景观自然协调、城市品位的提升,实现环境优美、舒适宜人、经济发展、社会进步、水生态系统良性循环的城市动态水域。

2.1.4 落实山水林田湖草生命共同体理念,保障国家生态安全

(1)实施建设"小绿洲"、保护"大生态"的重要举措。

按照习近平总书记在河南主持召开黄河流域生态保护和高质量发展座谈会的有关要求,根据全国生态环境建设规划和退耕还林、退牧还草的有关规定,黑山峡河段附近地区的生态环境建设途径为:建设节水、高产、优质、高效的灌溉饲草料基地和基本农田,实施大片天然草场围封、轮牧、休牧和禁牧,以及水土流失严重的黄土高塬沟壑区的封山育林。基本思路是:选择开发条件好的土地,在水利基础设施的配合下,建设高效基本农田和人工草场,解决好人民的长远生计(包括粮食、燃料、肥料)和发展问题,在此基础上实行生态移民,采取封山、禁牧、舍饲圈养等措施,保护退耕还林和退牧还草成果,使严重水土流失地区和草场严重退化地区的生态环境得到保护和自我修复,即实施"小建设"、实现"大保护",建设"小绿洲"、保护"大生态"。

生态绿洲作为周边辐射地区的生态移民基地,将大幅度减轻非绿洲区沙化地区、水土流失地区的人口压力,为顺利实施退耕还草还林工程、天然草场和天然林区的保护封育工程,以及防沙治沙、水土保持工程创造有利条件,从而有效地改善当地的生态与环境。在我国西北地区特殊的气候及下垫面条件下,建设生态绿洲需要大量水资源作为支撑,急需推进黑山峡河段工程建设,为新绿洲建设提供用水保障。

(2)落实山水林田湖草生命共同体理念,建设国家生态屏障,保障国家生态安全。

党的十八大以来,习近平总书记从生态文明建设的宏观视野提出山水林田湖草是一个生命共同体的理念,在《关于〈中共中央关于全面深化改革若干重大问题的决定〉的说明》中强调:"人的命脉在田,田的命脉在水,水的命脉在山,山的命脉在土,土的命脉在树。用途管制和生态修复必须遵循自然规律","对山水林田湖进行统一保护、统一修复是十分必要的"。2016年10月,财政部、国土资源部、环境保护部联合印发了《关于推进山水林田湖生态保护修复工作的通知》,对各地开展山水林田湖生态保护修复提出了明确要求。2017年8月,中央全面深化改革领导小组第三十七次会议提出"山水林田湖草同一个生命共同体"的理念。"生命共同体"理念蕴含着重要的生态哲学思想,界定了人与自然的内在联系,在系统认知自然界和处理人与生态环境关系上为我们提供了重要的理论依据,成为当前和今后一段时期推进生态文明建设的重要方法论。

根据全国主体功能区规划,受水区内的安塞区、志丹县、吴起县、庆城县、环县、华池县、盐池县、同心县和红寺堡区等属于重点生态功能区中的黄土塬丘陵沟壑水土保持生态功能区,处于国家"两屏三带"中黄土高原—川滇生态屏障的核心地带,是保障国家生态安全的重要区域。受水区地处毛乌素沙地、腾格里沙漠和乌兰布和沙漠边缘,受风沙侵害

十分严重。该地区生态环境有四个显著特点:一是属于我国许多重大生态问题的发源地、生态脆弱地区;二是农业生产方式属于农区向牧区过渡的半农半牧地带,受气候与人类因素影响,土地退化和植被退化现象依然存在;三是属于我国土地沙化和水土流失最严重的地区之一;四是河流大多为季节性河流,年径流变化大,且水少沙多,水质差,生态用水不足,水生态环境脆弱。

黑山峡河段工程辐射范围是抵挡西北荒漠向东蔓延的重要屏障,其生态建设对保护我国整体生态安全具有重要意义。从整个受水区水资源配置格局和效果看,供水工程实施后,将实现水资源配置的优化调整,具体体现在:一是落实生态优先要求,退换被挤占的生态水,保障河流生态用水,恢复河流自然生态,对修复和提升河流生态功能、构建城市水清岸绿景美生态水系,满足人民群众日益增加的美好环境需求具有重大意义;二是压采城市群地下水,维持地下水采补平衡;三是通过在沙漠边缘生态林草建设,增加植被覆盖度,对遏制水土流失、阻止风沙侵袭,实现青山绿水和改善生态环境具有重要意义。

综上所述,黑山峡河段工程的实施可为该地区加快生态文明建设、促进绿色发展提供充足的水资源保障,对落实山水林田湖草生命共同体理念、改善区域乃至全国的生态环境起着基础性、决定性作用,对保护我国整体生态安全具有重要意义。

2.1.5 为能源基地和粮食主产区提供可靠水源,保障国家能源安全和粮食安全

(1)保障能源基地用水安全,保障国家能源安全。

黑山峡河段工程辐射区域是我国重要的能源和重化工基地。国家"5+1"能源基地开发格局中,宁东能源化工基地、鄂尔多斯能源化工基地、陕北能源化工基地、陇东能源化工基地都位于黑山峡河段工程辐射区域。已探明的煤炭储量占全国总储量的30%以上,无论是开发规模上,还是地域集中程度上,已成为黄河流域乃至国家能源发展战略总体布局的主体,在国家能源发展战略总体布局中具有举足轻重的地位。然而,水资源短缺是能源开发的刚性制约。依靠黑山峡河段工程建设,通过合理配置和高效利用黄河水资源,可为"能源金三角"提供必要的水资源支撑,从而全面加快陕甘宁蒙"能源金三角"建设,对保障国家能源安全起着至关重要的作用。

(2)发展生态灌区,保障国家粮食安全。

党的十八大以来,习近平总书记做出了"紧平衡很可能是我国粮食安全的长期态势"的科学判断;确立了"以我为主、立足国内、确保产能、适度进口、科技支撑"的国家粮食安全战略;明确了"解决好十几亿人的吃饭问题,始终是我们党治国理政的头等大事"的战略地位;强调了"谷物基本自给、口粮绝对安全"的战略任务。党的十九大报告指出,"确保国家粮食安全,把中国人的饭碗牢牢端在自己手里。实施食品安全战略,让人民吃得放心"。这充分体现了对粮食安全的高度重视,为推动新时代粮食流通改革发展指明了正确方向。

随着人口增加和国民生活水平的提高,我国粮食需求将继续呈刚性增长,加之存在粮食品种和区域结构性等问题,产量低于需求的缺口会不断扩大,维持粮食供求平衡难度将进一步加大。而目前国际粮源紧张,市场也存在诸多不确定因素,弥补国内粮食缺口的空

间有限且不稳定。

黑山峡河段工程受水范围地形平坦,宜农荒地资源集中连片,土层深厚,光热资源丰富。受水区生态灌区建成后,近期可发展生态灌区548万亩(其中,宁夏248万亩、蒙陕甘各100万亩),远期可发展生态灌区2 000万亩(其中,宁夏640万亩、内蒙古960万亩、陕西300万亩、甘肃100万亩)。结合南水北调西线工程的实施和黑山峡河段工程建设,发展生态灌区,将构成我国西部一个重要的大农业基地,作为西北甚至是全国的粮食基地,对于保障国家粮食安全具有重大意义。

3 工程供水范围研究

3.1 研究基础

自 20 世纪 80 年代初,黄河勘测规划设计研究院有限公司、宁夏水利水电勘测设计研究院有限公司、北京大学等国内多家科研和规划设计单位,对黄河黑山峡河段开发功能定位、黑山峡河段工程水资源配置、大柳树灌区范围及规模等方面开展了大量规划、研究工作,形成了一系列科研、规划及设计成果,为开展本次黑山峡河段工程供水范围及供水方案研究奠定了坚实的基础。主要有:

(1)《黄河大柳树灌区规划研究报告》(黄河水利委员会勘测规划设计研究院,1990年 5 月,简称《90 规划》)。

《90 规划》对大柳树灌区的范围及远期规模、近期规模、引水量和引水方式等方面进行了规划研究。研究范围以大柳树东、西干渠控制的自流灌区和近期直接供水的灌区为重点,兼顾远期灌溉供水范围。规划范围涉及宁夏、陕西、内蒙古和甘肃等 4 省(区)9 市(盟)23 个县(市、区、旗),国土面积约 3.0 万 km²。其中:宁夏包括银川市、石嘴山市、吴忠市、中卫市、固原市等 5 市 15 个县(市、区);陕西包括榆林市的定边县、靖边县和横山区等,1 市 3 县(区);内蒙古包括鄂尔多斯市鄂托克旗、鄂托克前旗、杭锦旗,阿拉善盟阿拉善左旗等,2 市(盟)4 旗;甘肃包括武威市的民勤县。

该规划提出:近期,根据土地自然条件良好、灌区发展与人饮安全结合、生态环境脆弱亟待改善、劳动力及农业机械化水平可达经营能力、国家财力可承受度、黄河可供水量限制等原则,规划发展灌溉规模 600 万亩。其中,宁夏 300 万亩,主要位于条件较好的中卫、中宁、同心、吴忠、青铜峡、灵武、永宁、银川、贺兰等 9 县(市);陕西发展灌溉面积 100 万亩,主要位于定边、靖边两县;内蒙古发展灌溉面积 100 万亩,选择在地形、土壤条件较好的阿拉善左旗李井滩和腰坝滩、鄂尔多斯地区的鄂托克前旗灌区;甘肃发展石羊河流域下游灌溉面积 100 万亩。大柳树灌区近期灌溉面积分布见表 3-1。

表 3-1 大柳树灌区近期灌溉面积分布 (单位:万亩)

省(区)	黄河左岸		黄河右岸	
	具备自流引水条件的灌溉面积	可由自流引水渠道上扬水灌溉的面积	具备自流引水条件的灌溉面积	可由自流引水渠道上扬水灌溉的面积
宁夏	120		180	
内蒙古		70	30	

续表 3-1

省(区)	黄河左岸		黄河右岸	
	具备自流引水条件的灌溉面积	可由自流引水渠道上扬水灌溉的面积	具备自流引水条件的灌溉面积	可由自流引水渠道上扬水灌溉的面积
陕西				100
甘肃(石羊河流域)		100		
小计	120	170	210	100
合计	290		310	
总计	600			

远期,规划灌区范围南起黄河黑山峡河段出口的大柳树坝址,北迄内蒙古自治区河套灌区,西濒腾格里沙漠,东临毛乌素沙地。覆盖宁夏、陕西、内蒙古三省(区)。其中,宁夏包括清水河、苦水河的下游河谷川地,中卫南山台子,灵悟、盐池的部分台地,贺兰山东麓洪积扇与黄河冲积平原之间的缓坡地带,灌溉面积 640 万亩;陕西包括位于白于山北麓和毛乌素沙地之间的滩地区的定边、靖边和横山三县,灌溉面积 300 万亩;内蒙古包括位于鄂尔多斯台地西部及都思兔河中下游地区的波状高平原,腾格里沙漠以东的阿拉善左旗灌区,灌溉面积 980 万亩;甘肃为石羊河流域下游,灌溉面积为 100 万亩。大柳树灌区远期灌溉面积分布见表 3-2。

表 3-2　大柳树灌区远期灌溉面积分布　　　　　　　　　(单位:万亩)

省(区)	黄河左岸		黄河右岸	
	具备自流引水条件的灌溉面积	可由自流引水渠道上扬水灌溉的面积	具备自流引水条件的灌溉面积	可由自流引水渠道上扬水灌溉的面积
宁夏	120		180	340
内蒙古		560	250	170
陕西				300
甘肃(石羊河流域)		100		
小计	120	660	430	810
合计	780		1 240	
总计	2 020			

(2)《大柳树生态经济区及供水规划研究》(原宁夏水利水电工程咨询公司,2007 年 8 月,简称《07 规划》)。

《07 规划》考虑水资源、土地资源、能源资源禀赋的整体性(鄂尔多斯盆地)和生态环境的统一性(土地沙化、大柳树生态灌区)等,对大柳树生态经济区的资源承载力,农业、工业和生态的规划布局,供水规模,工程规划,效益评价等方面进行了综合研究。研究范围在《90 规划》的基础上,将右岸供水范围进行了较大调整,即陕西的供水范围由原来的靖边旧城水库,向东北延至神木;甘肃的供水范围增加了向庆阳市的供水;内蒙古的供水范围由鄂托克前旗向东胜延伸。左岸供水范围变化不大,仍然保留了向甘肃的民勤、内蒙古的阿拉善左旗、宁夏的河西供水,仅增加了甘肃景泰供水范围。研究涉及的主要行政区包括:陕西北部的榆林,甘肃的武威、白银、庆阳,宁夏的石嘴山、银川、吴忠、中卫、固原,内蒙古的鄂尔多斯、乌海、巴彦淖尔、阿拉善等 4 个省(区)13 个市(盟)49 个县(市、区、旗),总面积约 32.33 万 km²。供水对象为居民生活、农业和工业。该研究成果虽然供水范围和供水对象都有所扩展,但大柳树生态灌区和大柳树东、西干渠总体布局基本上采用了《90 规划》的主要成果。

(3)《大柳树生态经济区生态农牧业开发模式选择及其生态效益评估》(北京大学、南开大学,2015 年 12 月)。

该报告在系统梳理大柳树生态经济区历史时期的农牧业开发进程及影响、分析当代农牧业开发实践的基础上,揭示了农牧业开发与沙漠化正逆过程的关系,提出了生态农牧业开发的发展路径和技术模式,并进行了相应的生态效益评估。

报告采用 RS 技术和 GIS 技术,利用数字地形、地貌、气候、土壤、植被覆盖度、土地利用等基础数据及各相关专项规划,对大柳树生态经济区进行了土地适宜性评价。根据相似性、相关性和区域共轭性原理,利用综合制图方法和技术,在土地适宜性评价的基础上进行了生态功能区划,宜农则农,宜林则林,宜牧则牧,对于不宜进行开发的区域,则进行生态恢复和保育。报告参考 2014 年黄河勘测规划设计有限公司完成的《大柳树生态灌区规划分析报告》,对区域可垦土地规模及灌区规模进行了分析,并在《90 规划》分期开发面积的基础上,以可垦土地面积为基础,根据可垦土地类型、地形情况、土壤条件及其开发条件等,提出了大柳树生态灌区近期及远期可开发面积。其中,近期灌溉面积为 500 万亩,包括宁夏 300 万亩,内蒙古 100 万亩,陕西 100 万亩;远期灌溉面积达到 1 920 万亩,包括宁夏 640 万亩,内蒙古 980 万亩,陕西 300 万亩。

(4)《大柳树生态灌区复核分析报告》(宁夏水利水电勘测设计研究院有限公司,2014 年 4 月)。

2014 年,为配合黑山峡河段开发论证工作,宁夏回族自治区水利厅大柳办组织宁夏水利水电勘测设计研究院有限公司等有关单位,以《90 规划》为基础,采用五万分之一地形图和第二次全国土地调查成果,对黄河大柳树灌区规划区域内宁夏的可垦土地资源情况、土地资源开发利用现状及规划情况、灌区开发规划等方面进行了复核,并对灌区生产能力、灌区开发建设水资源解决途径等进行了分析研究。提出规划区域土地资源比较丰富,能够满足原规划拟定的灌区发展规模,宁夏灌区发展规模维持原规划,近期自流灌溉面积 300 万亩,其中,河西灌区 120 万亩、河东灌区 180 万亩;远期,可发展扬水灌溉面积340 万亩,均位于河东灌区。远景,可发展扬水灌溉面积 349 万亩,均位于河东灌区。

(5)《宁夏中南部后备土地利用现状规划研究(送审稿)》(宁夏水利水电勘测设研

究院有限公司,2018 年 12 月)。

该规划研究范围以宁夏范围灌区为主,对周边省(区)灌区在已有工作基础上进行了简要分析。其中,宁夏研究范围包括大柳树引水干渠以下控制的自流灌溉范围和干渠以上的扬水灌溉范围;扬水灌溉范围包括规划改由大柳树干渠取水的现有扬水工程控制的范围,以及未来以大柳树引水干渠为水源规划发展的扬水灌溉范围。陕西研究范围,灌区范围采用《90 规划》成果,包括榆林市的定边县、靖边县、横山区,城乡生活供水范围与灌区范围一致,工业供水为榆林能源化工基地。内蒙古研究范围,灌区范围采用《90 规划》成果,包括鄂尔多斯市的鄂托克旗、鄂托克前旗、杭锦旗和阿拉善盟的阿拉善左旗;城乡生活供水范围与灌区范围一致;工业供水为鄂尔多斯能源化工基地。甘肃研究范围为武威市民勤县。

该报告通过重点分析宁夏灌区土地开发潜力,研究了陕甘宁蒙 4 省(区)灌区发展规模与产业结构,提出了大柳树灌区规划范围可开发规模。近期,灌区规模为 548.75 万亩,其中,宁夏灌区 248.75 万亩,均为自流灌溉,内蒙古、陕西、甘肃各 100 万亩;远期,灌区规模达到 1 968.75 万亩,其中,宁夏 588.75 万亩、内蒙古 980 万亩、陕西 300 万亩、甘肃 100 万亩。

(6)《陕甘宁革命老区供水工程规划报告》(黄河勘测规划设计研究院有限公司,2021 年 3 月)。

该规划工程受水区范围为陕西延安市宝塔区、安塞区、吴起县和志丹县,榆林市定边县、靖边县;甘肃庆阳市环县、华池县、庆城县、合水县;宁夏吴忠市盐池县、红寺堡区、同心县东部地区,共计 13 个县(区),受水区总面积 5.76 万 km^2。主要解决受水区城乡生活、畜牧养殖和工业用水,为改善革命老区民生、脱贫致富、实现快速发展提供水资源条件支撑,促进当地生态修复。

规划推荐黑山峡水源方案作为陕甘宁革命老区供水工程的水源方案。提出 2035 年供水量为 4.48 亿 m^3,其中陕西 2.47 亿 m^3、甘肃 1.41 亿 m^3、宁夏 0.60 亿 m^3。

3.2　研究范围

本次研究范围,在《90 规划》《07 规划》等已有规划成果的基础上,结合黄河流域生态保护和高质量发展重大国家战略、国家能源发展战略、国家粮食安全战略、全国主体功能区规划等对黄河及西北地区的功能定位,以黑山峡河段工程为依托,结合黑山峡河段工程所处区域及可能辐射周边区域的资源禀赋、社会经济发展程度、生态环境及其优势产业,充分考虑周边地区的水资源短缺状况等,确定本次供水方案的研究范围。

本次研究范围,北起阴山以南的内蒙古河套灌区,南以甘肃庆阳、宁夏固原黄土丘陵区一线为界,西达干旱荒漠绿洲区的甘肃民勤县,东至黄河晋陕峡谷北端。行政区主要包括陕西北部的榆林、延安市,甘肃的武威、白银、庆阳市,宁夏的石嘴山、银川、吴忠、中卫、固原市,内蒙古的鄂尔多斯、乌海、巴彦淖尔市和阿拉善盟等,共 4 省(区)、14 个地市、53 个县(市)(见图 3-1),总面积约 36.03 万 km^2。

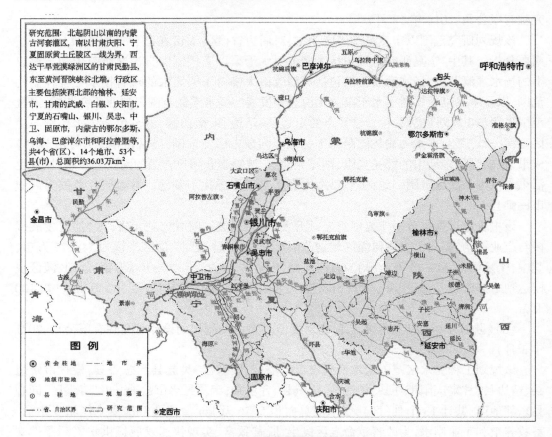

研究范围：北起阴山以南的内蒙古河套灌区，南以甘肃庆阳、宁夏固原黄土丘陵区一线为界，西达干旱荒漠绿洲区的甘肃民勤县，东至黄河晋陕峡谷北端。行政区主要包括陕西北部的榆林、延安市，甘肃的武威、白银、庆阳市，宁夏的石嘴山、银川、吴忠、中卫、固原市，内蒙古的鄂尔多斯、乌海、巴彦淖尔市和阿拉善盟等，共4个省(区)、14个地市、53个县(市)，总面积约36.03万km²

图 3-1　研究范围行政区划图

3.2.1　自然及经济社会发展现状

3.2.1.1　自然地理概况

　　1.地形地貌

研究区幅员辽阔，地跨陕甘宁蒙4省(区)，区内地形地貌复杂多变，差异较大，山地、高原、沙漠、黄土丘陵沟壑相间分布，自西向东主要有以下几组地貌类型：祁连山山地、河西走廊、腾格里等沙漠、内蒙古阿拉善高原、黄河冲积平原、鄂尔多斯台地、宁夏中部剥蚀中低山和洪积盆地、黄土丘陵沟壑等。

　　1)宁夏区

宁夏区南部属于黄土丘陵，主要分布于清水河、苦水河两大河谷平原，北部为鄂尔多斯台地，东部属于黄河冲积平原，西部为贺兰山洪积扇。地势南高北低，海拔1 100~1 350 m，除贺兰山山前洪积扇外，地势相对平坦，沃野千里，引黄自流灌溉便利，沟渠成网，素有"塞上江南"之称。

　　2)陕西区

陕西区地处陕北黄土高原与毛乌素沙地的过渡地带——定、靖高原。本区南起山北坡1 500 m高程以下，北到毛乌素沙地南缘1 360 m高程以下，西从宁夏墩墩山南翼1 500

m 高程,东至靖边,横山县界 1 320 m 高程,东西长约 270 km,呈条块状。被横贯中部的宁条梁界分隔为东、西两大片,西片属定边生态经济区,是冲积及洪漫平原闭流区,海拔 1 326~1 410 m;东片属靖边生态经济区,为冲积平原。

3) 甘肃区

武威市石羊河下游民勤县东西北三面被腾格里沙漠和巴丹吉林沙漠包围,地势西高东低,南高北低,海拔 1 300~1 400 m。

白银市景泰川西起猎虎山,东至黄河,南界喜集水、米家山,北邻腾格里沙漠,长岭山以东逐渐过渡为红色丘陵。地形开阔,地势南高北低,海拔 1 600~1 800 m。

庆阳市属于黄河中游黄土高塬沟壑区,境内沟壑纵横,丘陵起伏,地形地貌复杂,主要由塬、沟、梁、峁、丘陵、山地组成。全境北高南低,东西高、中间低,海拔 885~2 082 m。

4) 内蒙古区

内蒙古区地貌有黄河冲积平原、鄂尔多斯高原、丘陵及沙漠。

巴彦淖尔河套平原,海拔 1 018~1 050 m,地势平坦,由西南向东北微倾,土地肥沃,渠道纵横,灌溉便利,是国家和内蒙古自治区商品粮、油、糖生产基地。

鄂尔多斯市地处黄河上中游的鄂尔多斯高原腹地,海拔 1 000~1 500 m,自然地理环境独具特色,地形起伏不平,西高东低,地貌复杂多样。其中,东部为丘陵沟壑水土流失区和地球"癌症"砒砂岩裸露区,占鄂尔多斯市总土地面积的 19%。该地区矿藏资源丰富,是我国重要的能源及原材料基地。

阿拉善左旗东靠贺兰山,西临腾格里沙漠,南与宁夏中卫县为界,北至腰坝滩,地势东南高、西北低,海拔 800~1 500 m。该区所处地形为贺兰山西麓洪积扇与腾格里沙漠东缘交接槽状洼地。

2. 气候特征

研究区在贺兰山以东受太平洋副热带高压控制为大陆性季风气候,其他大部分地区气候主要受蒙古高压、大陆气团控制,为典型的内陆气候,气候特点是光热资源丰实,降水量小、干燥、多风。在气候区划上属于中温带西北干旱、半干旱区,热量具有由东向西增高的趋势,降水变化则与此相反,两者在地域上有变化幅度大的特点。

本区属夏季东南湿润季风影响的边缘地带,降水量的分布是自东向西、自南向北递减。东部定边、靖边的多年平均降水量为 300~400 mm,西北部的阿拉善左旗仅 156 mm,北部的鄂尔多斯多年平均降水量为 190 mm,其他地区多在 200~300 mm。降水在时间分布上极不均匀,年内主要集中在汛期(6~9 月),占年降水量的 50%~60%,冬季仅占 1%~2%,降水量和强度变化大是该区降水的一大特点;研究区气候干燥,年蒸发量 2 100~2 300 mm,为年降水量的 7~15 倍,连续干旱日可达 120~160 d。该区大部分属于荒漠草原区,素有"有水则绿洲,无水则戈壁、沙漠"之称。

3.2.1.2 社会经济现状

据统计,研究区 2016 年总人口 1 578.85 万人,其中城镇人口 844.43 万人,城镇化率 53.5%,2016 年 GDP 总量为 11 829.97 亿元,工业增加值为 5 878.87 亿元,农田有效灌溉面积为 2 170.95 万亩。

1. 宁夏区

宁夏区包含银川市、石嘴山市、吴忠市、中卫市、固原市原州区等 5 市 19 县（区）。据统计,2016 年总人口为 667.87 万人,其中城镇人口为 368.91 万人,城镇化率 55.2%,GDP 总量为 2 916.25 亿元,工业增加值 1 115.98 亿元,农田有效灌溉面积为 890.18 万亩。

2. 陕西区

陕西区包含榆林市榆阳区、神木县、府谷县、横山县、靖边县、定边县、绥德县、米脂县,延安市宝塔区、安塞区、吴起县、志丹县等 2 市 12 县（区）。2016 年,总人口为 435.26 万人,其中城镇人口为 185.53 万人,城镇化率 42.6%,GDP 总量为 3 263.04 亿元,工业增加值 1 927.02 亿元,农田有效灌溉面积为 210.06 万亩。

3. 甘肃区

甘肃区包含武威市民勤县、古浪县,白银市景泰县,庆阳市环县、庆城县等 3 市 5 县。2016 年,总人口为 145.73 万人,其中城镇人口为 41.54 万人,城镇化率 28.5%,GDP 总量为 295.83 亿元,工业增加值 127.31 亿元,农田有效灌溉面积为 234.87 万亩。

4. 内蒙古区

内蒙古区包含鄂尔多斯市、乌海市、巴彦淖尔市临河区、磴口县、乌拉特前旗、杭锦后旗、五原县,阿拉善盟阿拉善左旗等 4 市（盟）17 县（区、旗）,总面积为 18.72 万 km²。2016 年,总人口为 329.99 万人,其中城镇人口为 248.45 万人,城镇化率 75.3%,GDP 总量为 5 354.85 亿元,工业增加值 2 708.56 亿元,农田有效灌溉面积为 819.91 万亩。

3.2.2　缺水形势分析

3.2.2.1　水资源及其开发利用现状

1. 水资源量

研究区 2016 年降水量为 840.26 亿 m³,水资源总量为 79.82 亿 m³,其中地表水资源量为 48.96 亿 m³,地下水与地表水资源不重复量为 30.86 亿 m³。研究区各省（区）水资源量详见表 3-3。

表 3-3　研究区各省（区）水资源量　　　　　　　　　（单位:亿 m³）

省（区）	降水量	地表水资源量	地下水资源量	地下水与地表水资源不重复量	水资源总量
宁夏	149.49	9.49	17.90	1.02	10.51
陕西	240.00	23.09	19.16	8.43	31.52
甘肃	75.89	4.69	2.90	0.54	5.23
内蒙古	374.87	11.69	24.76	20.87	32.56
总计	840.26	48.96	64.72	30.86	79.82

宁夏区,2016 年降水量 149.49 亿 m³,水资源总量 10.51 亿 m³,其中地表水资源量 9.49 亿 m³,地下水与地表水资源不重复量 1.02 亿 m³。

陕西区,2016年降水量240.00亿 m³,水资源总量31.52亿 m³,其中地表水资源量23.09亿 m³,地下水与地表水资源不重复量8.43亿 m³。

甘肃区,2016年降水量75.89亿 m³,水资源总量5.23亿 m³,其中地表水资源量4.69亿 m³,地下水与地表水资源不重复量0.54亿 m³。

内蒙古区,2016年降水量374.87亿 m³,水资源总量32.56亿 m³,其中地表水资源量11.69亿 m³,地下水与地表水资源不重复量20.87亿 m³。

2. 水资源开发利用现状

1)供水量

据统计,研究区2016年总供水量约为121.32亿 m³,其中地表水供水量约为95.76亿 m³,占总供水量的78.9%;地下水供水量约为24.36亿 m³,占总供水量的20.1%;其他水源供水量约为1.19亿 m³,占总供水量的1%。研究区各省(区)2016年供水量详见表3-4。

表3-4 研究区各省(区)2016年供水量   (单位:万 m³)

省(区)	地表水源供水量					地下水源供水量	其他水源供水量	总供水量
	蓄水	引水	提水	跨流域调入水量	小计			
宁夏	9 420	524 400	116 610	0	650 430	51 370	1 870	703 670
陕西	11 555	26 239	10 719	0	48 513	39 377	543	88 433
甘肃	20 564	3 015	31 072	25 644	80 295	19 141	762	100 198
内蒙古	5 731	119 447	53 197	0	178 375	133 749	8 737	320 861
总计	47 270	673 101	211 598	25 644	957 613	243 637	11 912	1 213 162

宁夏区,2016年总供水量约为70.37亿 m³,其中地表水、地下水、其他水源供水量分别约为65.04亿 m³、5.14亿 m³、0.19亿 m³。主要供水水源为地表水,占总供水量的92.4%。

陕西区,2016年总供水量约为8.84亿 m³,其中地表水、地下水、其他水源供水量分别约为4.85亿 m³、3.94亿 m³、0.05亿 m³。主要供水水源为地表水和地下水,分别占总供水量的54.9%和44.5%。

甘肃区,2016年总供水量约为10.02亿 m³,其中地表水、地下水、其他水源供水量分别约为8.03亿 m³、1.91亿 m³、0.08亿 m³。主要供水水源为地表水,占总供水量的80.1%。跨流域调入水量约为2.56亿 m³,占地表水供水量的31.9%。

内蒙古区,2016年总供水量约为32.09亿 m³,其中地表水、地下水、其他水源供水量分别约为17.84亿 m³、13.37亿 m³、0.87亿 m³。主要供水水源为地表水和地下水,分别占总供水量的55.6%和41.7%。

2)用水量

据统计,研究区2016年总用水量约为121.32亿 m³,其中农业灌溉用水量约为100.90亿 m³,占总用水量的83.2%;工业用水量约为11.16亿 m³,占总用水量的9.2%;生态用水量约为 4.17 亿 m³,占总用水量的 3.4%;居民生活用水量约为 3.9 亿 m³,占总用水量的 3.2%;城镇公共用水量约为 1.19 亿 m³,占总用水量的 1.0%。研究区各省(区)2016 年用水量详见表 3-5。

表 3-5 研究区各省(区)2016 年用水量 　　　　　(单位:万 m³)

省(区)	居民生活		城镇公共	农业	工业	生态	总用水量
	城镇	农村					
宁夏	9 718	3 050	5 627	619 427	43 529	22 319	703 670
陕西	5 774	5 387	2 699	51 993	20 578	2 002	88 433
甘肃	1 087	1 545	1 167	89 081	3 669	3 650	100 198
内蒙古	10 064	2 325	2 393	248 521	43 865	13 693	320 861
总计	26 643	12 307	11 885	1 009 022	111 641	41 664	1 213 162

宁夏区,2016 年总用水量约为 70.37 亿 m³,其中农业用水量约为 61.94 亿 m³,占总用水量的 88.0%;工业用水量约为 4.35 亿 m³,占总用水量的 6.2%;生活(包括居民生活和城镇公共生活)、生态用水量分别约为 1.84 亿 m³、2.23 亿 m³,分别占总用水量的 2.6% 和 3.2%。

陕西区,2016 年总用水量约为 8.84 亿 m³,其中农业用水量约为 5.20 亿 m³,占总用水量的 58.8%;工业用水量约为 2.06 亿 m³,占总用水量的 23.3%;生活(包括居民生活和城镇公共生活)1.39 亿 m³,占总用水量 15.7%;生态用水量约为 0.20 亿 m³,占总用水量的 2.3%。

甘肃区,2016 年总用水量约为 10.02 亿 m³,其中农业用水量约为 8.91 亿 m³,占总用水量的 88.9%;工业、生活(包括居民生活和城镇公共生活)、生态用水量均约为 0.37 亿 m³,占总用水量的 2.0%。

内蒙古区,2016 年总用水量约为 32.09 亿 m³,其中农业用水量约为 24.85 亿 m³,占总用水量的 77.5%;工业用水量约为 4.39 亿 m³,占总用水量的 13.7%;生活(包括居民生活和城镇公共生活)、生态用水量分别约为 1.48 亿 m³、1.37 亿 m³,分别占总用水量的 4.6% 和 4.3%。

3.2.2.2　经济社会发展需水预测

1. 生活需水预测

基准年,研究区城镇生活综合需水量 3.7 亿 m³,农村生活需水量 1.2 亿 m³,需水定额分别为 127 L/(人·d)、45 L/(人·d)。

根据研究区各地人口发展规划,考虑未来生活质量和用水水平的不断提高,需水定额将逐步增大。预测到 2035 年和 2050 年,研究区城镇生活综合需水定额分别为 180 L/(人·d) 和 200 L/(人·d),需水量分别为 8.6 亿 m³ 和 11.8 亿 m³;农村生活需水定额分别为 70 L/(人·d) 和 80 L/(人·d),需水量分别为 1.5 亿 m³ 和 0.9 亿 m³。

2. 工业需水预测

基准年,研究区工业用水量为 11.3 亿 m³,万元工业增加值用水量为 19.5 m³。今后随着节水技术的推广和深入,工业产业结构调整力度的加大,同时水的重复利用率提高,需水定额有较大的下降空间。预测到 2035 年和 2050 年,研究区万元工业增加值需水定额分别为 16 m³/万元和 13 m³/万元,需水量分别达到 21.2 亿 m³ 和 33.4 亿 m³。

3. 农业灌溉需水预测

基准年,研究区农业灌溉用水量为 122.7 亿 m³,灌溉综合用水定额为 565 m³/亩。随着节水措施的加强、种植结构调整和抗旱节水农作物种植面积的推广等,2035 年和 2050 年分别发展灌溉面积 298 万亩和 1 384 万亩,2035 年和 2050 年灌溉水利用系数分别提高到 0.61 和 0.65,研究区农业灌溉综合需水定额分别为 498 m³/亩和 468 m³/亩,多年平均需水量分别为 120.8 亿 m³ 和 165.4 亿 m³。

基准年,研究区鱼塘补水量为 3.0 亿 m³,预测到 2035 年和 2050 年水平渔业需水量分别增加到 3.4 亿 m³ 和 3.6 亿 m³。基准年,研究区牲畜用水量为 1.3 亿 m³,预测到 2035 年和 2050 年牲畜需水量分别增加到 2.1 亿 m³ 和 3.3 亿 m³。

4. 生态环境需水预测

河道外生态环境需水量包括城镇生态环境需水量和农村生态需水量。其中:城镇生态环境需水量包括城镇绿化、河湖补水和环境卫生等;农村生态需水包括湖泊沼泽湿地补水、林草植被建设需水、地下水人工回补需水等。预测基准年、2035 年和 2050 年黄河流域河道外生态环境需水量分别为 4.2 亿 m³、5.6 亿 m³ 和 6.9 亿 m³。

5. 总需水量

综合上述各部门需水量预测成果,基准年、2035 年和 2050 年研究区总需水量分别为 147.4 亿 m³、163.2 亿 m³ 和 225.2 亿 m³,见表 3-6。

表 3-6　研究区不同水平年各部门需水量　　　　　(单位:亿 m³)

需水量	基准年					2035 年					2050 年				
	宁夏	陕西	甘肃	内蒙古	合计	宁夏	陕西	甘肃	内蒙古	合计	宁夏	陕西	甘肃	内蒙古	合计
城镇生活	1.5	0.8	0.2	1.2	3.7	4.2	1.6	0.5	2.3	8.6	5.8	2.4	0.9	2.7	11.8
农村生活	0.3	0.5	0.2	0.2	1.2	0.7	0.4	0.2	0.2	1.5	0.3	0.3	0.2	0.1	0.9
工业	4.4	2.1	0.4	4.4	11.3	9.8	2.9	0.9	7.6	21.2	16.6	4.3	1.8	10.7	33.4
农业灌溉	75.3	6.8	11.4	29.2	122.7	71.4	6.6	14.4	28.4	120.8	88.4	10.8	13.5	52.7	165.4
鱼塘补水	2.7	0.1	0	0.2	3.0	2.8	0.2	0.1	0.3	3.4	2.8	0.2	0.1	0.4	3.6
牲畜	0.4	0.3	0.2	0.4	1.3	0.6	0.5	0.4	0.6	2.1	0.9	0.8	0.7	0.9	3.3
生态环境	2.2	0.2	0.4	1.4	4.2	2.6	0.6	0.7	1.7	5.6	2.9	0.9	1.0	2.1	6.9
总需水量	86.8	10.8	12.8	37.1	147.4	91.9	12.8	17.4	41.1	163.2	117.7	19.7	18.3	69.5	225.2

3.2.2.3　水资源供需形势分析

根据研究区各部门用水需求,以及现状各类水利设施的供水条件及供水量,进行水资源供需分析计算。基准年、2035 年和 2050 年水平,研究区缺水量分别为 26.2 亿 m³、41.9 亿 m³ 和 103.9 亿 m³。不同水平年河道内外水资源供需平衡分析计算成果详见表 3-7。

表 3-7　研究区不同水平年供需平衡　　　　　　（单位：亿 m³）

省(区)	基准年			2035 年			2050 年		
	需水量	供水量	缺水量	需水量	供水量	缺水量	需水量	供水量	缺水量
宁夏	86.8	70.4	16.4	91.9	70.4	21.5	117.7	70.4	47.4
陕西	10.8	8.8	2.0	12.8	8.8	4.0	19.7	8.8	10.8
甘肃	12.8	10.0	2.8	17.4	10.0	7.4	18.3	10.0	8.2
内蒙古	37.1	32.1	5.0	41.1	32.1	9.0	69.5	32.1	37.4
合计	147.4	121.3	26.2	163.2	121.3	41.9	225.2	121.3	103.9

3.3　供水范围研究

3.3.1　供水范围确定原则

根据新形势下的国家战略,结合各省(区)用水需求,充分考虑当地已建、在建和规划工程的供水范围及供水对象,统筹考虑供水的自然条件以及经济等实际因素,黑山峡河段工程供水范围确定遵循以下原则:

(1)确有需要、突出重点。

根据"两个阶段"的国家发展战略目标及黄河流域生态保护和高质量发展的国家战略,统筹考虑研究区生活、生产、生态用水需求,选择水利基础薄弱、缺水较严重的地区作为受水区。把水利工程建设作为保障水安全的重要举措,优先保障城乡居民供水安全。

(2)以水定产、量水而行。

黑山峡河段工程覆盖范围地区缺水量较大,而黑山峡河段工程近期无新增指标,远期在南水北调西线通水情况下可供水量有限,不足以解决所有缺水问题。因而应把水资源作为最大的刚性约束,牢牢把握水资源先导性、控制性和约束性作用,推进水资源节约集约利用,充分考虑可供水量的有限性和配套工程的难易程度,本着以水定产、量水而行的原则对受水区进行选择,促进经济社会发展和生态建设与水资源承载力相协调。

(3)生态安全、可持续发展。

秉持绿水青山就是金山银山的可持续发展理念,把生态环境保护作为主要约束条件之一,供水优先选择生态环境脆弱、生态地位突出的地区,保障生态环境用水。

(4)技术可行、经济合理。

充分考虑当地供水的自然条件、经济技术条件、存在的主要问题等因素,按照技术可行、经济合理的要求,秉承先易后难的理念,最大限度地减少工程建设投资。

(5)衔接协调、继承创新。

在已有的规划研究成果的基础上,秉承新的理念,创新思维,充分考虑研究范围现有和规划工程供水范围及供水对象,实现巩固提升。

3.3.2　供水范围分析研究

根据以上原则,综合分析研究范围内主要供水工程的供水范围、供水对象及其用水需求,从供水线路、供水扬程、供水量、供水成本和规划工程的制约因素等方面进行综合分析,确定黑山峡河段工程供水范围。

3.3.2.1　景泰川电力提灌工程(简称景电工程)

景电工程是一项跨省(区)、高扬程、多梯级、大流量的大型电力提水灌溉供水工程,总体规划,分期建设。设计流量28.6 m³/s,最大提水高度613 m,已建成干、支、斗渠1 391条,长2 422 km,灌溉面积近100万亩。工程分为一期、二期和二期延伸工程。其中,一期和二期向甘肃景泰县和古浪县供水,多年平均供水量4.05亿 m³,延伸二期工程利用景电二期工程的灌溉间隙和空闲容量向甘肃民勤县调水,为缓解民勤水资源枯竭、生态环境恶化趋势的应急供水工程。工程供水范围见图3-2。

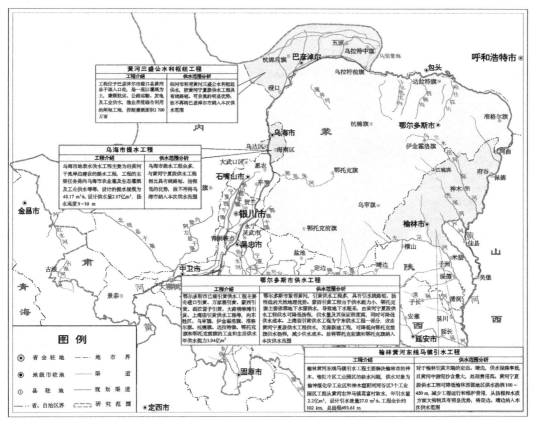

图3-2　不同工程供水范围对比分析图一

由于景电工程一期和二期工程取水口位于黑山峡河段工程取水口上游,且取水水源均为黄河,供水保证程度高,水量有保证且水质良好,故景泰县和古浪县不纳入本次供水范围。但景电二期延伸工程为应急工程,供水保障程度相对较低,且民勤缺水严重、生态环境脆弱,结合已有研究成果,将民勤县纳入本次供水范围,由黑山峡河段工程向民勤县生活、灌溉和生态供水。

3.3.2.2　鄂尔多斯市引黄供水工程

鄂尔多斯市已建的引黄供水工程主要有磴口引黄供水工程、万家寨引黄供水工程、蒙西引黄供水工程、画匠营子引黄供水工程、大路柳林滩引黄供水工程、上海庙引黄供水工程等,主要向东胜区、乌审旗、伊金霍洛旗、准格尔旗、杭锦旗、达拉特旗、鄂托克旗和鄂托克前旗的工业供水和生活供水,年供水能力3.94亿 m³。工程供水范围详见图3-3。

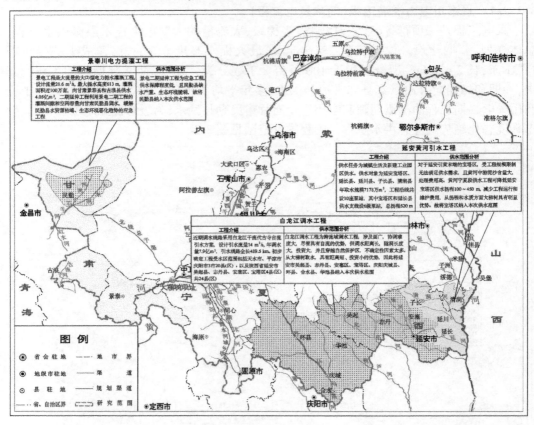

图3-3　不同工程供水范围对比分析图二

鄂尔多斯市紧邻黄河,引黄供水工程多,与黑山峡河段工程相比,磴口引黄供水工程、万家寨引黄供水工程、画匠营子引黄供水工程、大路柳林滩引黄供水工程具有引水线路短及扬程低的天然地理优势,故本次不再将东胜区、乌审旗、伊金霍洛旗、准格尔旗、杭锦旗、达拉特旗纳入本次供水范围。

蒙西引黄供水工程由于供水能力较小,鄂托克旗主要依靠地下水源供水,导致地下水超采,2016年地下水超采量559万 m³。改由黑山峡河段工程供水,供水量及其保证程度高,同时可降低扬程,降低供水成本,因此将鄂托克旗纳入本次供水范围,供水对象为生活和灌溉。

上海庙引黄供水工程为宁东供水工程的一部分,改由黑山峡河段工程供水,可降低向鄂托克前旗供水扬程,降低供水成本,因此将鄂托克前旗和鄂托克旗纳入本次供水范围,向生活、工业供水。

3.3.2.3　黄河三盛公水利枢纽工程

黄河三盛公水利枢纽工程位于巴彦淖尔市磴口县黄河总干渠入口处,是一座以灌溉为主,兼顾航运、公路运输、发电和工业供水,以及渔业养殖等综合利用的闸坝工程,控制灌溉面积1 700万亩。供水范围详见图3-2。

巴彦淖尔市利用黄河三盛公水利枢纽工程供水,较黑山峡河段工程具有线路短、可自流的明显优势,因此巴彦淖尔市不纳入本次供水范围。

3.3.2.4　乌海市提水工程

乌海市提水工程主要为沿黄河干流岸边建设的提水工程,工程的主要任务是向乌海市农业灌溉和生态灌溉及工业供水。设计提水规模45.17 m³/s,设计供水量2.87亿m³,扬水高度5~10 m。供水范围详见图3-2。

乌海市紧邻黄河,提水工程众多,扬程较低,与黑山峡河段工程相比具有供水线路短的优势,因此乌海市不纳入本次供水范围。

3.3.2.5　陕西省榆林黄河东线引水工程

榆林黄河东线引水工程是从黄河干流府谷水文站下游46 km处黄河右岸的神木市马镇葛富村引水,设计引水流量27.0 m³/s,工程设计引水量2.2亿m³,输水到榆阳石峁水库线路总长102 km,总扬程493.61 m。工程主要解决榆林市的神木、榆阳片区工业园区的缺水问题,供水对象为榆神煤化学工业区和神木窟野河河谷区的7个工业园区。供水范围详见图3-2。

黑山峡河段工程可降低榆林西部地区供水扬程100~450 m,减少工程运行和维护费用,从而降低供水成本。供水量保障方面,由于榆林西部地区处于榆林引黄供水工程的末端,供水量难以得到有效保障;水质方面,两工程均从黄河引水,但黑山峡河段工程取水口在榆林引黄工程的上游,水质相对较好。因此,将靖边县和定边县纳入黑山峡河段工程的供水范围,供水对象主要为工业和生活供水。

3.3.2.6　陕西省延安黄河引水工程

延安黄河引水工程是从黄河北干流的吴堡至龙门河段取水,取水口位于延川县延水关镇的王家渠村东南约150 m处的黄河右岸,以解决延安市宝塔区、延长县、延川县、子长县和榆林市清涧等城镇生活和新建工业园区的用水,设计取水流量2.96 m³/s,多年平均取水量7 177.8万m³。工程取水枢纽为固定式取水泵站,沿线共设10座泵站,其中宝塔区和延长县供水支线设6级泵站,总扬程520 m。工程供水范围见图3-3。

受供水规模的限制,延安引黄工程无法满足宝塔区的全部用水需求,而延安北部的安塞区、吴起县、志丹县等区域不在工程供水范围内,利用黑山峡河段工程供水,可较黄河中游供水降低扬程100~450 m,从而降低运行费用,降低供水成本。因此,本次将延安的宝塔区和安塞区、吴起县及志丹县纳入黑山峡河段工程的供水范围,供水对象为工业和生活供水。

3.3.2.7　宁夏引黄供水工程

宁夏引黄供水工程主要有盐环定扬黄共用工程、红寺堡扬黄工程、固海扬水工程及宁东供水工程等。

1. 盐环定扬黄共用工程

盐环定扬黄共用工程于 1988 年 7 月开工建设,1996 年 9 月全面竣工。工程设计流量 11 m³/s,其中分配宁夏 7 m³/s,甘肃、陕西各 2 m³/s,主要解决盐池县、环县和定边县的农业灌溉及生活用水。

2. 红寺堡扬水工程

红寺堡扬水工程始建于 1998 年,设计引水流量 25 m³/s,设计年引水量 3.09 亿 m³,设计灌溉面积 55 万亩,灌溉设计保证率 75%。工程从黄河中宁泉眼山段及高干渠 19+400 m 处取水,最大累计净扬程 266.35 m,干渠总长 101.57 km,2015~2018 年平均供水量 2.38 亿 m³。工程供水范围为吴忠市红寺堡区、同心县、利通区和中宁县等 4 县(区),主要承担 70 万亩农田灌溉和 30 多万人的生活用水以及环罗山地区生态用水任务。

3. 固海扬水工程

固海扬水工程由固海扬水主体工程、同心扬水工程和世行扩灌工程三部分组成,主要灌溉中宁县、同心县、海原县、原州区清水河谷地。固海扬水主体工程自中宁县黄河右岸泉眼山取水,累计净扬程 342.74 m,设计流量 20 m³/s,设计灌溉面积 48.63 万亩,2009 年改造后的实际上水能力达到 23.8 m³/s。同心扬水工程设计灌溉面积 18.9 万亩,累计净扬程 150.3 m,干渠总长 24.97 km。固海扩灌工程分为东线工程和西线工程两部分,东线工程设计灌溉面积 35.07 万亩,设计流量 12.7 m³/s,主泵站 12 级,干渠总长 169.6 km,最大累计净扬程 470.2 m。

4. 宁东供水工程

宁东能源化工基地供水工程从黄河右岸银川黄河大桥下游 1.0 km 处取水,设计取水流量 15.77 m³/s,供水规模 100 万 m³/d,其中宁东水务公司主线供水规模 80 万 m³/d,主要供宁东能源化工基地用水;长城水务公司支线供水规模 20 万 m³/d,主要供上海庙和红墩子能源化工基地用水。

盐环定扬黄共用工程、红寺堡扬黄工程和固海扬水工程扬程高,设计规模偏小,供水保障程度低,供需矛盾突出,且缺少调蓄工程,供水末端引水困难,干旱年份缺少严重。

为提高生活和工业供水保证程度,缓解农业灌溉用水矛盾,结合规划的清水河流域城乡供水工程,对当地引黄工程供水范围内的同心县东部、红寺堡区、盐池县等区域(清水河流域城乡供水工程无法覆盖)的生活和工业供水由黑山峡河段工程替代,当地引黄工程用于农业灌溉用水。盐环定、红寺堡、固海扬水工程改由黑山峡河段工程供水,可显著降低扬程,降低供水成本。

宁东供水工程总扬程 172.7 m,改由黑山峡河段工程供水,借助黑山峡河段工程,可降低扬程 153.5 m,降低运行费用和供水成本,且黑山峡河段工程调蓄能力强,可提高能源化工基地的用水保证程度。因此,将宁东能源化工基地纳入本次供水范围。

3.3.2.8　陕甘宁革命老区供水工程

规划的陕甘宁革命老区供水工程,供水范围包括陕西省延安市宝塔区、安塞区、吴起县和志丹县,榆林市定边县、靖边县;甘肃省庆阳市环县、华池县、庆城县、合水县;宁夏吴忠市盐池县、红寺堡区、同心县及利通区,主要解决人畜生活和工业用水。规划以黑山峡水源方案作为供水水源。2025 年供水量为 3.28 亿 m³,2035 年供水量为 4.92 亿 m³。工程供水范围见图3-4。

由于陕甘宁革命老区供水工程是从大柳树坝址取水,因此将其纳入本次供水范围。

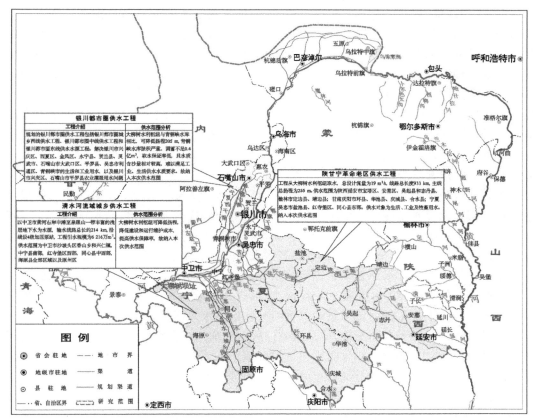

图3-4 不同工程供水范围对比分析图三

3.3.2.9 白龙江引水工程

规划的白龙江引水工程地跨黄河、长江两大流域,穿越秦岭、六盘山两大分水屏障,输水方式为自流引水。工程从白龙江支流达拉沟勾洁寺及干流白云引水至洮河九甸峡水库,通过九甸峡水库调蓄后,利用部分引洮工程总干渠挖潜输水能力输水。规划工程输水总干线长489.5 km,设计最大引水流量34 m³/s。初步确定工程受水区范围包括天水市、平凉市、庆阳市3市20县(区)以及陕西省延安市吴起县、志丹县、安塞县、宝塔区4县(区)共24县(区),多年平均配置水量7.9亿m³,其中甘肃调入区配置水量7.0亿m³,陕西延安市调入区配置水量0.9亿m³。工程供水范围见图3-3。

白龙江引水工程为跨流域调水工程,涉及面广,协调难度大,目前正在开展论证工作。虽然该工程与黑山峡河段工程相比可节约扬程255 m,但由于调水线路长280 km,且隧洞长286 km,投资大,工程辐射范围小,并且穿越自然保护区,不确定性因素多。利用黑山峡河段工程供水,具有输水线路短、投资小等优势,因此本次将与白龙江调水工程受水区涉及陕西和宁夏交界处的庆阳市庆城县、环县、合水县、华池县等4县纳入黑山峡河段工程供水范围。

3.3.2.10　清水河流域城乡供水工程

对于缺水情况较为严重的中卫市沙坡头区香山乡和兴仁镇,中宁县南部,红寺堡区西部,同心县中西部,海原县全部区域以及原州区,规划的清水河流域城乡供水工程以中卫市黄河右岸申滩至泉眼山一带丰富的浅层地下水为水源,通过辐射井取水,工程引水规模为 6 216 万 m³,供该区域城乡生活、规模化养殖和工业产业发展用水。同时,清水河流域城乡供水工程实施后,与当地水联合调配,固原市基本可以实现"北引扬黄水、南调泾河水、用好当地水"的水资源优化配置格局,解决该区域内的用水短缺问题。将水源替换为黑山峡河段工程可降低扬程,降低建设和运行维护成本,提高供水保障率,故将中卫市沙坡头区香山乡和兴仁镇,中宁县南部,红寺堡区西部,同心县中西部,海原县全部区域以及原州区的生活工业用水纳入本次供水范围。工程供水范围见图 3-4。

3.3.2.11　银川都市圈供水工程

规划的银川都市圈供水工程包括银川都市圈城乡西线供水工程、银川都市圈中线供水工程和银川都市圈东线供水水源工程。解决银川市兴庆区、西夏区、金凤区、永宁县、贺兰县、灵武市、石嘴山市大武口区、平罗县、吴忠市利通区、青铜峡市的生活和工业用水,以及银川市兴庆区、石嘴山市平罗县农业灌溉用水的问题。工程供水范围见图 3-4。

东线供水水源工程水源方案为青铜峡东干渠。中线供水工程在新站址溜山头处新建黄沙古渡泵站集中取水,总扬程 52. 54 m,配水管线控制灌溉面积 21. 10 万亩,总长度67. 63 km。西线供水工程由黄河泵站取黄河地表水扬水入西夏渠。

从供水线路及扬程方面比较,从黑山峡河段工程取水(引水水位 1 350 m),扣除沿程损失后,比青铜峡水利枢纽(正常蓄水位 1 156 m,引水水位 1 145 m)供水可降低扬程 205m。从供水保障方面比较,由于青铜峡水库淤积严重、兴利库容小(目前调蓄库容不足 0.4亿 m³),供水保证率低;而黑山峡河段工程调蓄库容 54 亿 m³,在南水北调西线工程建成后,水量增加,能够满足供水需求,且供水保证率高。供水水质方面,青铜峡水库位于黑山峡河段工程下游约 200 km 处,水质较差,难以满足工业、生活供水要求,且由于含沙量高的清水河的汇入,含沙量增加;黑山峡河段工程入库水质相对较好,经水库调蓄后,取水含沙量小于 1 kg/m³。

综上所述,将银川都市圈供水工程向银川市兴庆区、西夏区、金凤区、永宁县、贺兰县、吴忠市利通区、青铜峡市(青铜峡镇河东部分以及峡口镇)、灵武市生活、工业供水纳入黑山峡河段工程供水范围。

3.3.2.12　大柳树灌区

规划的大柳树灌区地处我国西北干旱区的东部,涉及宁夏、内蒙古、陕西 3 省(区)。灌区西濒巴丹吉林、腾格里沙漠和乌兰布和沙漠,东临毛乌素沙地,以黄河为界分为河东(右岸)、河西(左岸)两部分。

(1)河东(右岸)灌区分属宁夏、内蒙古和陕西 3 省(区)。其中,宁夏灌区包括清水河、苦水河的下游河谷川地,中卫南山台子及灵武、盐池的部分台地;内蒙古自治区河东灌区涉及鄂尔多斯市的鄂托克前旗和鄂托克旗;陕西省灌区涉及榆林市的定边县、靖边县。

(2)河西(左岸)灌区分属宁夏、内蒙古 2 个自治区,其中宁夏灌区位于贺兰山东麓洪积扇与黄河冲积平原之间的缓坡地带,南部以沙坡头北干渠为边界,东边毗邻青铜峡灌区西干渠,地势较低,高程多在 1 310 m 以下;内蒙古自治区灌区涉及阿拉善左旗。

规划的大柳树灌区从黑山峡河段工程引水,将大柳树灌区纳入供水范围(见图 3-5)。

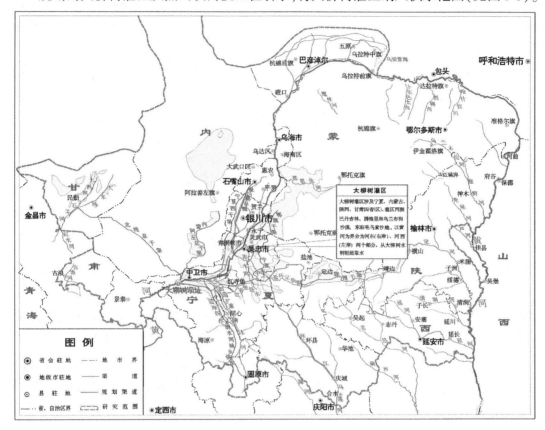

图 3-5　大柳树灌区示意图

3.3.3　供水范围及供水对象确定

本次黑山峡河段工程的供水范围北起阴山以南的内蒙古河套灌区,南以甘肃庆阳、宁夏固原黄土丘陵区一线为界,西达干旱荒漠绿洲区的甘肃民勤县,东至黄河晋陕峡谷北端。工程供水范围见图 3-6。

涉及的行政区主要包括陕西的榆林、延安市,甘肃的武威、庆阳,宁夏的石嘴山、银川、吴忠、中卫、固原市,内蒙古的鄂尔多斯、阿拉善市等 4 省(区),共 11 个市。

3.3.3.1　近期 2035 年

供水范围主要包括宁夏、内蒙古、陕西和甘肃 4 省(区)。其中,宁夏自治区涉及 4 个市 14 个县(市、区),包括吴忠市利通区、红寺堡区、盐池县、同心县、青铜峡市,银川市的兴庆区、西夏区、金凤区、永宁县、贺兰县、灵武市,中卫市沙坡头区、中宁县,石嘴山市平罗县,以及宁东能源基地;陕西省包括 2 个市 6 个县(区),主要包括榆林市靖边县和定边县,延安市宝塔区、安塞区、吴起县和志丹县;甘肃省供水范围包括 2 个市 5 个县,主要包括庆阳市的环县、华池县、庆城县、合水县,武威市的民勤县;内蒙古自治区涉及 2 个市

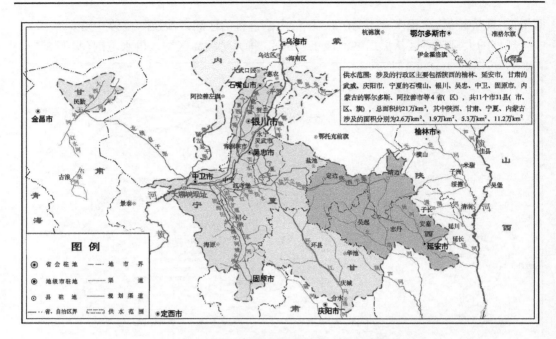

图 3-6 黑山峡河段工程的供水范围示意图

（盟）、2 个旗，包括鄂尔多斯市鄂托克前旗、阿拉善盟阿拉善左旗。共计 10 市（盟）27 县（市、区、旗）。近期 2035 年黑山峡河段工程的供水范围和供水对象见表 3-8。

表 3-8 黑山峡河段工程近期供水范围和供水对象

省（区）	市（盟）	城镇生活	农村生活	工业	建筑	第三产业	农业	生态林草	牲畜	城镇生态
宁夏	吴忠市	√	√	√	√	√	√	√	√	√
	银川市	√	√	√	√	√	√	√	√	√
	中卫市	√	√	√	√	√	√	√	√	√
	石嘴山市	√	√	√	√	√	√	√	√	√
	宁东能源化工基地			√						
陕西	榆林市	√	√	√	√	√	√	√	√	√
	延安市	√	√	√	√	√	√	√	√	√
甘肃	庆阳市	√	√	√	√	√	√	√	√	√
	民勤县	√	√				√	√		
内蒙古	阿拉善盟	√	√				√	√		
	鄂尔多斯市	√	√	√	√	√	√	√	√	√

3.3.3.2 远期 2050 年

在近期供水范围及供水对象的基础上，考虑南水北调西线工程全部建成生效，供水范围进一步增加中卫市的海原县、固原市的原州区、鄂尔多斯市的鄂托克旗 3 县（区、旗）。

远期 2050 年黑山峡河段工程的供水范围及供水对象见表 3-9。

表 3-9　黑山峡河段工程远期供水范围和供水对象

省（区）	市（盟）	城镇生活	农村生活	工业	建筑	第三产业	农业	生态林草	牲畜	城镇生态
宁夏	吴忠市	√	√	√	√	√	√	√	√	√
	银川市	√	√	√	√	√	√	√	√	√
	中卫市	√	√				√	√		
	石嘴山市	√	√	√	√	√	√	√		√
	固原市	√	√				√	√		
	宁东能源化工基地			√						
陕西	榆林市	√	√	√	√	√	√	√	√	√
	延安市	√	√	√	√	√			√	√
甘肃	庆阳市	√	√	√	√	√			√	√
	民勤县	√	√	√	√	√			√	
内蒙古	阿拉善盟	√	√				√	√		
	鄂尔多斯市	√	√	√			√	√		

4　供水区域概况

4.1　自然地理概况

4.1.1　地理位置

4.1.1.1　宁夏回族自治区

1. 吴忠市

吴忠市位于宁夏回族自治区中部,东与内蒙古鄂尔多斯市、陕西省榆林市、甘肃省庆阳市毗邻,南与固原市接壤,西与中卫市和内蒙古自治区的阿拉善盟为邻,北靠宁夏首府银川市,国土面积 2.14 万 km^2。

2. 银川市

银川市东与吴忠市盐池县接壤,西依贺兰山与内蒙古自治区阿拉善盟阿拉善左旗为邻,南与吴忠市利通区、青铜峡市相连,北接石嘴山市平罗县,与内蒙古自治区鄂尔多斯市鄂托克前旗相邻。

3. 中卫市

中卫市位于宁夏回族自治区中西部,东与宁夏回族自治区吴忠市红寺堡区、同心县、青铜峡市接壤,南与宁夏回族自治区固原市原州区、西吉县相连,西与甘肃省白银市平川区、靖远县、会宁县、景泰县交界,北与内蒙古自治区阿拉善盟阿拉善左旗毗邻,东西长约 130 km,南北宽约 180 km,总面积 1.74 万 km^2。

4. 石嘴山市

石嘴山市位于黄河中游上段、宁夏回族自治区北部,东跨黄河,与内蒙古鄂尔多斯市为邻,西临贺兰山与内蒙古自治区阿拉善盟隔山相望,北依黄河与内蒙古自治区鄂托克后旗相邻,南连银川平原与银川市兴庆区、贺兰县交界,东西宽约 88.8 km,南北长 119.5 km,总面积 0.53 万 km^2。

5. 固原市

固原市位于宁夏回族自治区南部的六盘山地区。东部、南部分别与甘肃省庆阳市、平凉市为邻,西部与甘肃省白银市相连,北部与中卫市、吴忠市接壤,总面积 1.05 万 km^2。

6. 宁东能源化工基地

宁东能源化工基地位于宁夏中东部、银川市东南部,规划区总面积约 3 484 km^2,范围覆盖灵武市、盐池县、同心县、红寺堡开发区等 4 个县(市、区)。

4.1.1.2　陕西省

1. 榆林市

榆林市位于陕西省最北部,西邻甘肃、宁夏,北连内蒙古,东隔黄河与山西相望,南与陕西省延安市接壤。东西长约 309 km,南北宽约 295 km,总面积 4.36 万 km²。

2. 延安市

延安市位于陕西省北部,东临黄河与山西省临汾市相望,西以子午岭为界与甘肃省庆阳市接壤,北与榆林市毗邻,南与渭南、铜川、咸阳三个地(市)相依。东西宽 258 km,南北长约 239 km,总面积 3.70 万 km²。

4.1.1.3　甘肃省

1. 庆阳市

庆阳市位于甘肃省东部,东接陕西省延安市,南与陕西咸阳市及甘肃省平凉市相连,北邻陕西省榆林市及宁夏盐池县,西与宁夏固原市接壤。东西长 208 km,南北宽 207 km,总面积 2.70 万 km²。

2. 民勤县

民勤县地处甘肃省河西走廊东北部,在石羊河流域下游,南依武威,西毗镍都金昌,东北面和西北面与内蒙古的阿拉善左、右旗相接。县境东西长 206 km,南北宽 156 km,总面积 1.59 万 km²。

4.1.1.4　内蒙古自治区

1. 阿拉善盟

阿拉善盟位于内蒙古自治区最西部,东与巴彦淖尔市、乌海市、鄂尔多斯市相连,南与宁夏回族自治区毗邻,西与甘肃省接壤,北与蒙古国交界,总面积约 27 万 km²。

2. 鄂尔多斯市

鄂尔多斯市位于内蒙古自治区西南部,东、南、西与晋、陕、宁接壤,东部、北部和西部分别与呼和浩特市、山西省忻州市,包头市、巴彦淖尔市、乌海市,宁夏回族自治区、阿拉善盟隔河相望;南部与陕西省榆林市接壤。东西长约 400 km,南北宽约 340 km,总面积 8.68 万 km²。

4.1.2　地形地貌

4.1.2.1　宁夏回族自治区

1. 吴忠市

吴忠市东西长而南北窄,东西最宽处 297 km,南北最长处 200 km,地势南高北低,市境北部为黄河冲积平原,市境东部属鄂尔多斯台地,东北接毛乌素沙地。市境南部为鄂尔多斯高原西部与黄土高原北部衔接地带,东南部为黄土丘陵,群山环绕,沟壑纵横。市境西部贺兰山纵亘,牛首山横卧,形成由南向东北从高向低呈阶梯状分布的地势特点,地貌形态为山地、低山丘陵、缓坡丘陵、洪积扇地带、黄河冲积平原和库区。川区平均海拔 1 200 m,山区 1 300~1 900 m。

2. 银川市

银川市地形分为山地和平原两大部分。西部、南部较高,北部、东部较低,略呈西南/东北方向倾斜。地貌类型多样,自西向东分为贺兰山地、洪积扇前倾斜平原、洪积冲积平原、冲积湖沼平原、河谷平原、河漫滩地等。海拔为 1 010~1 150 m,土层较厚。银川西部的贺兰山为石质中高山,呈北偏东走向。长约 150 km,宽 20~30 km,是阻挡西北冷空气和风沙长驱直入银川的天然屏障。

3. 中卫市

中卫市地势西南高,东北低,市区平均海拔 1 225 m,地貌类型分为黄河冲积平原、台地、沙漠、山地与丘陵五大单元。中卫市西北部腾格里沙漠边缘卫宁北山面积 12 万 hm²,中部卫宁黄河冲积平原 10 万 hm²,位于山区与黄河南岸之间的台地 6 万 hm²,南部陇中山地与黄土丘陵面积 142.45 万 hm²。

4. 石嘴山市

石嘴山市东临鄂尔多斯台地,西踞银川平原北部。海拔为 1 090~3 475.9 m,按地形地貌可分为贺兰山山地、贺兰山东麓洪积扇冲积平原、黄河冲积平原和鄂尔多斯台地四种类型。境内贺兰山最高峰海拔 3 475.9 m,面积 1 605.7 km²,占石嘴山市土地总面积的 30.2%。

5. 固原市

固原市位于中国黄土高原的西北边缘,境内以六盘山为南北脊柱,将固原市分为东西两壁,呈南高北低之势。海拔大部分为 1 500~2 200 m。由于受河水切割、冲击,形成丘陵起伏,沟壑纵横,梁峁交错,山多川少,塬、梁、峁、壕交错的地理特征,属黄土丘陵沟壑区。

4.1.2.2 陕西省

1. 榆林市

榆林市地质构造单元上属华北地台的鄂尔多斯台斜、陕北台凹的中北部。东北部靠近东胜台凸,是块古老的地台,未见岩浆岩生成和岩浆活动,地震极少。地势由西部向东倾斜,西南部平均海拔 1 600~1 800 m,其他各地平均海拔 1 000~1 200 m。最高点是定边南部的魏梁,海拔 1 907 m;最低点是清涧无定河入黄河口,海拔 560 m。

地貌分为风沙草滩区、黄土丘陵沟壑区、梁状低山丘陵区三大类。大体以长城为界,北部是毛乌素沙地南缘风沙草滩区,面积约 15 813 km²;南部是黄土高原的腹地,沟壑纵横,丘陵峁梁交错,水土流失得到初步控制,生态环境有了较大改善。面积约 2.23 万 km²。梁状低山丘陵区主要分布在西南部白于山区一带无定河、大理河、延河、洛河的发源地。面积约 0.50 万 km²,占榆林市面积的 11.6%。地势高亢,梁塬宽广,梁涧交错、土层深厚,水土侵触逐步得到治理。

2. 延安市

延安市位于黄河中游,属黄土高原丘陵沟壑区。延安地貌以黄土高原、丘陵为主。地势西北高、东南低,平均海拔 1 200 m。北部的白于山海拔 1 600~1 800 m,北部以黄土梁峁、沟壑为主,占全区总面积的 72%;南部以黄土塬沟壑为主,占总面积的 19%;全区石质山地占总面积的 9%。西部子午岭,南北走向,构成洛河与泾河的分水岭,是高出黄土高原的基岩山地之一。

4.1.2.3 甘肃省

1. 庆阳市

远古以来,庆阳市经过地质不断运动和变迁,古生代陆地从汪洋中隆起,陇东出现丘陵。中生代沉积成我国西北最大的庆阳湖盆,涉及陕、甘、宁、蒙,浩瀚辽阔。第四纪陆地不断抬升,更新世的大风,席卷黄土,覆积成厚达百余米的黄土高原;全新世,黄土高原被河流、洪水剥蚀切割,形成现存的高原、沟壑、梁峁、河谷、平川、山峦、斜坡兼有的地形地貌。

2. 民勤县

民勤县境内最低海拔 1 298 m,最高海拔 1 936 m,平均海拔 1 400 m,由沙漠、低山丘陵和平原三种基本地貌组成。

4.1.2.4　内蒙古自治区

1. 阿拉善盟

阿拉善盟地形呈南高北低状,平均海拔 900~1 400 m,地貌类型有沙漠戈壁、山地、低山丘陵、湖盆、起伏滩地等,巴丹吉林、腾格里、乌兰布和三大沙漠横贯全境,面积约 7.8 万 km²。巴丹吉林沙漠以高陡著称,绝大部分为复合沙山。腾格里沙漠、乌兰布和沙漠多为新月形流动或半流动沙丘链,一般高 10~200 m。沙漠中分布有 500 多个咸、淡水湖泊或盐碱草湖。阴山余脉与大片沙漠、起伏滩地、剥蚀残丘相间分布,东南部和西南部有贺兰山、合黎山、龙首山、马鬃山连绵环绕,雅布赖山自东北向西南延伸,把盟境大体分为两大块。

2. 鄂尔多斯市

鄂尔多斯市自然地理环境的显著特点是:起伏不平,西北高、东南低,地形复杂,东、北、西三面被黄河环绕,南与黄土高原相连。地貌类型多样,有芳草如茵的草原和开阔坦荡的波状高原;鄂尔多斯市境内五大类型地貌,平原约占总土地面积的 4.3%,丘陵山区约占总土地面积的 18.9%,波状高原约占总土地面积的 28.8%,毛乌素沙地约占总土地面积的 28.8%,库布齐沙漠约占总土地面积的 19.2%。

4.1.3　主要河流水系

4.1.3.1　宁夏回族自治区

1. 吴忠市

1)清水河

清水河是宁夏入黄河的最大一级支流,发源于原州区开城乡黑刺沟脑,流经原州区、海原、西吉、同心、红寺堡、中卫至中宁县泉眼山汇入黄河。流域面积 14 481 km²,河长 320 km。清水河左岸主要支流有东至河、中河、西河、金鸡儿沟等。右岸有杨达子沟、折死沟、黑风沟等。

2)苦水河

苦水河是黄河的一级支流,发源于甘肃省环县,由宁夏盐池县入境,流经盐池、同心、吴忠市及灵武市,于灵武市新华桥镇汇入黄河。流域面积 5 218 km²(宁夏境内 4 942 km²,占全流域面积的 94.7%),全长 224 km。海拔为 1 116~2 026 m,河道平均比降 1.6‰。红寺堡红沟窑以上为上游,属山区型河道,流域面积 2 780 km²,上游河道长 95.9 km。红寺堡红沟窑至利通区赵家沟为中游,属冲洪积扇区型河道,赵家沟以上流域面积 3 931 km²,中游河道长 52.7 km。赵家沟以下为下游,属冲洪积平原型河道,郭家桥水文站以上流域面积 5 216 km²,中游河道长 75.16 km。

3)红山沟、北马房沟

盐池县大部分位于内流区,境内主要河流有苦水河、北马房沟、红山沟、西沟等。其中,北马房沟是盐池县境内最大的支沟,建有马房沟水库。

2. 银川市

银川市地处宁夏平原中部,引黄灌溉历史悠久,境内沟渠纵横,湖泊湿地星罗棋布。水系主要以河流水系、湖泊湿地水系为主。其中,河流水系主要包括黄河及其支流、灌区的引黄灌溉渠道、排水沟道,以及贺兰山东麓的排洪沟道等;湖泊湿地主要有黄河滩涂湿地、自然湖泊以及人工池塘、稻地等。

黄河流经银川市的灵武市、永宁县、兴庆区、贺兰县4个县(市、区),流程80 km,多年平均过境水量315亿 m³。

3. 中卫市

黄河进入中卫市后自西向东穿境而过,全长约182 km,占黄河在宁夏流程397 km的45.8%,多年平均流量1 039.8 m³/s,多年平均过境水量328.14亿 m³。

4. 石嘴山市

石嘴山市境地表水系由黄河干流,黄河一级支流都思兔河、水洞沟、贺兰山山地沟谷,黄河引水排水渠系、平原低地集水湖沼组成基本骨架,绝大多数水量属黄河过境水。地下水主要补给来源为黄河水渗入和山地降雨贮备,富集于山前洪积扇及平原地带;贺兰山风化浅山地带贮存少量风化裂隙水;鄂尔多斯台地地下水贮存极少。

5. 固原市

固原市境内有泾河、清水河、葫芦河、祖厉河、颉河、乃河、红河、茹河几大水系,多年平均年径流量约7.3亿 m³。地下水总储量约3.24亿 m³,其中有0.8亿 m³ 因埋藏太深或矿化度高于5 g/L而难以开采利用,真正能开发利用的有2.44亿 m³。六盘山区年降水充沛,平均每平方千米产水20.5万 m³,多年平均径流量2.1亿 m³;森林的总调蓄能力为2 840万 t,相当于径流总量的3.5%、地下径流量的20%,是宁夏水资源最丰富的地区,被誉为"天然水塔"。

4.1.3.2 陕西省

1. 榆林市

榆林市境内河流主要有黄河水系和全省唯一的内陆水系。黄河为晋陕界河,从府谷入境,流经府谷、神木、佳县、吴堡、绥德、清涧6县,共389 km。集水面积在100 km² 以上的河流共有109条,主要是四河四川:无定河、窟野河、秃尾河、佳芦河、皇甫川、清水川、孤山川、石马川。

无定河为榆林市最大河流,发源于定边县长春梁东麓,流经定边、靖边、横山、榆阳、米脂、绥德、清涧7县(区),流域面积20 615 km²。较大的支流有大理河、淮宁河、榆溪河、芦河。清涧河以及延、洛河、泾河上游支流流出榆林市境外,进入延安地区。

2. 延安市

延安水系属黄河流域,其中直接入黄的河流集水面积有1 917 km²,内陆各大河流控制集水面积(区内)为34 759 km²,全区以北洛河、延河、清涧河、仕望河、云岩河、㴔水为骨干,形成密如蛛网的水系网。诸河流中,入黄的一级支流主要有延河、清涧河、云岩河、仕望河、㴔水五大河流。北洛河是入黄的二级支流,入渭的一级支流。

北洛河发源于陕西省定边县白于山南麓,流向由西北而东南,自吴起县头道川入境,经志丹、甘泉、富县、洛川、黄陵等县出境,进入陕西省渭南市,汇入渭河。区内河长385

km,流域总面积 17 948 km²,其中流域面积 100 km² 以上的支流有 62 条。

延河发源于陕西省靖边县天赐湾乡周山,流向由西北而东南,经安塞、延安,在延长县南河沟乡凉水岸汇入黄河。全长 286.9 km,境内河长 248.5 km,流域面积 7 725 km²。

4.1.3.3　甘肃省

庆阳市内有马莲河、蒲河、洪河、四郎河、葫芦河 5 条河流,较大的支流有 27 条。多年平均总流量为 26.7 m³/s,总径流量 8.43 亿 m³。全市地下水静储量约 43.39 亿 m³,动储量 3 714 万 m³。

民勤县有石羊河、外河、西河、昌宁河等 16 条河流,以及红崖山水库、青土湖、东湖、清泉湖 4 个湖泊。

4.1.3.4　内蒙古自治区

1. 阿拉善盟

阿拉善盟河流水系主要以内陆河水系为主,东部有黄河过境,西部有黑河流入,洪水冲沟长度在 10 km 以上的共 27 条,四大沙漠由于接受降雨后渗流通畅,形成许多湖泊和时令湖盆。黄河从宁夏回族自治区石嘴山市进入阿拉善盟,沿阿拉善盟东南边境在磴口县二十里柳子出境,全程 85 km,流域面积 31 万 km²,多年平均径流量 315 亿 m³。阿拉善盟的山沟泉溪主要发源于贺兰山、雅布赖山、龙首山等山区,共 70 多处,流域面积 2 676 km²,由降雨补给形成。泉溪清水流量 287 L/s,多年平均水量 905 万 m³,年平均洪水总量 4 800 万 m³。阿拉善盟的湖泊较多,以四大沙漠中的湖盆为主。沙漠湖盆是接受降水补给而形成的,比较稳定。四大沙漠中湖盆共有 415 处,总面积达 6 700 km²。

2. 鄂尔多斯市

鄂尔多斯市西、北、东三面被黄河环绕。黄河从鄂托克前旗的城川镇入境,至准格尔旗的马栅乡出境,流经鄂尔多斯市的鄂托克旗、杭锦旗、达拉特旗、准格尔旗四个旗,干流长约 800 km,总流域面积 5.14 万 km²。北部有毛不浪沟、卜尔色太沟、黑赖沟、罕台川、哈什拉川等十大孔兑,南部有无定河,中部有摩林河、都思兔河、窟野河、皇甫川等河流。这些河流大部分洪水陡涨陡落,挟带大量泥沙,且多数为季节性河流,水量难以进行有效控制和利用。

4.1.4　土壤植被

4.1.4.1　宁夏回族自治区

土壤类型多样。自南向北随着降水减少,积温升高,土壤的淋溶作用和有机质积累过程逐渐减弱,相继分布有黑垆土、灰钙土、灰漠土。北部有较多的沙丘分布,引黄灌区由于长期的灌溉耕作影响,形成灌淤土,并分布有潮土、盐碱土、沼泽土等。六盘山、贺兰山、罗山发育山地灰褐土、亚高山草甸土等。

自然植被有森林、灌丛、草甸、草原、沼泽等基本类型,以草原植被为主,其面积占自然植被面积的 79.5%,自南向北由森林草原(六盘山林地)渐变为干草原(黄土丘陵区)、荒漠草原(宁中山地与山间平原、灵盐台地)及荒漠(贺兰山北端),荒漠草原和干草原面积占草原面积的 97.8%,是宁夏草原植被的主体。

4.1.4.2　陕西省

陕西省自然环境复杂多样,土地垦殖历史悠久,土壤分类渊源久远。根据全国土壤分类系统,结合陕西省实际土壤情况,全省土壤类型主要包括黑垆土、褐土、棕壤、黄棕壤、风沙土、黄绵土等。黑垆土为地带性土壤,黄绵土、黑垆土、褐土、新积土和红土是人为因素和自然因素综合作用形成的耕作土壤类型。其中,质地中壤、比较肥沃的黄绵土占耕地面积的78.7%,广泛分布于黄土丘陵的梁峁坡地和塬面。

由于不同的地形条件和海拔梯度,陕西省形成了独特的植被分布格局,造成了极度复杂的生态环境,陕西省植被类型大致分为针叶林、针阔叶混交林、落叶阔叶林、灌丛、草原、草丛、草甸、沼泽、温性作物落叶果树、温暖性作物落叶果树、亚热带作物落叶及常绿果树,共11类。

4.1.4.3　甘肃省

甘肃省地跨我国东部温润区、西部干旱区与青藏高原高寒区的交汇处。境内自然条件复杂,植被类型繁多。甘肃省植被带基本可分为6个水平(维度)植被地带,分别为:①常绿阔叶、落叶阔叶混交林地带,分布在陇南的文县、康县、徽县、成县、和武都县;②落叶阔叶林地带,分布于天水以南的北秦岭和徽成盆地;③森林草原地带,主要分布在临夏、康乐、渭源、秦安、平凉、庆阳一线以南;④草原地带,主要分布在森林草原地带北部、兰州、靖远至环县一线以南地区;⑤荒漠草原地带,大致包括大景、营盘水一线以南以及民勤县,主要是从事畜牧业的地区;⑥荒漠地带,包括河西走廊以及阿尔金山以南的苏干湖盆地与哈勒腾河谷。

4.1.4.4　内蒙古自治区

内蒙古自治区地域辽阔,土壤种类较多,其性质和生产性能也各不相同,但其共同特点是土壤形成过程中钙积化强烈,有机质积累较多。根据土壤形成过程和土壤属性,分为9个土纲22个土类。在9个土纲中,以钙层土分布最少。内蒙古土壤在分布上东西之间变化明显,土壤带基本呈东北—西南向排列,最东为黑土壤地带,向西依次为暗棕壤地带、黑钙土地带、栗钙土地带、棕壤土地带、黑垆土地带、灰钙土地带、风沙土地带和灰棕漠土地带。其中,黑土壤的自然肥力最高,结构和水分条件良好,易于耕作,适宜发展农业;黑钙土自然肥力次之,适宜发展农林牧业。内蒙古自治区境内收集到的种子植物和蕨类植物2 351种,其中野生植物2 167种、引种栽培的有184种。

4.1.5　矿产资源

4.1.5.1　宁夏回族自治区

1. 吴忠市

吴忠市主要有石油、煤炭、矿石、天然气等30多种矿产资源。其中,石油储量3 700万t,天然气储量8 000亿 m^3,是陕甘宁油田的核心组成部分;煤炭储量64.7亿t,石灰岩储量49亿t,冶镁白云岩储量23.69亿t,是宁夏重要的能源基地。

2. 银川市

银川地区矿产资源有煤炭、赤铁矿、熔剂石灰岩、熔剂白云岩、熔剂硅石、磷块岩、水泥石灰岩、辉绿岩等。贺兰石"石质莹润,用以制砚,呵气生水,易发墨而护毫",自古就有"一端二歙三贺兰"之盛誉,为中国"五大名砚"之一。灵武矿区的煤炭、石油、天然气储量丰富,特别是煤炭储量以及其具有的高发热量、低灰、低硫、低磷等品质,在全自治区乃至全国都占有十分重要的地位。

3. 石嘴山市

煤炭资源是石嘴山市传统的优势矿产资源。探明储量为 21.9 亿 t。保有储量 17.03 亿 t,有 11 个煤种,被誉为"太西乌金"的太西煤保有储量 6.5 亿 t,是世界煤炭珍品,具有"三低、六高"特点,广泛用于冶金、化工、建材等行业。金属矿产市境发现有铁、铜、铝、金、钛、锆等 6 种。市境硅石资源包括石英、石英岩 2 种,已知工业储量 1 754.6 万 t,预测远景地质储量 42.7 亿 t;市境还发现云母、白云石、石灰石、辉绿岩等非金属矿产。

4.1.5.2　陕西省

1. 榆林市

榆林市矿产资源十分丰富。煤炭、石油、天然气、岩盐等储量十分可观,具有发展能源化工基地的独特优势。1998 年国家科学技术委员会正式批准榆林建设能源化工基地。目前,煤炭、天然气、石油加工、火力发电、甲醇等化工产品的生产能力已达到相当规模。

2. 延安市

延安市已探明矿产资源 16 种,其中可开采利用的有煤炭、石油、天然气、紫砂陶土等。煤炭资源总量达到 110 亿 t,其中探明储量 56 亿 t。境内石油丰富,全市 13 个县(区)中除洛川、黄龙外其余 11 个县(区)均有石油资源分布,全市含油面积达到 2 112 km²,石油地质储量达到 13.8 亿 t,剩余可采储量 1.7 亿 t。石油产区伴生有天然气,分布在吴起等地,已控制油气区 30 多 km²,储量 33 亿 m³。此外,已探明的紫砂陶土储量 5 000 余万 t,主要分布在宝塔区一带,已探明铁矿石储量 71.1 万 t。

4.1.5.3　甘肃省

庆阳市是仅次于陕西省榆林市的中国第二大能源资源大市,甘肃最大的原油生产基地、长庆油田的诞生地。1970 年,10 万石油工人进驻庆阳市宁县长庆桥镇,拉开了陇东石油大会战的序幕,28 年后,长庆油田总部于 1998 年 8 月从庆阳市庆城县(原庆阳县)整体搬迁至陕西省西安市,其中庆阳市 2013 年原油产量达到 659 万 t。

庆阳市已探明油气总储量 40 亿 t,占鄂尔多斯盆地总资源量的 41%。天然气(主要为煤层气)预测资源量达 1.4 万亿 m³,占鄂尔多斯盆地中生界煤层气总资源量的 30%;石油总资源量 32.7 亿 t,占鄂尔多斯盆地总资源量的 33%。石油三级储量 16.2 亿 t,探明地质储量 5.2 亿 t,2001 年新探明的西峰油田,三级储量达 4.3 亿 t。

庆阳市煤炭资源已查明预测总储量 2 360 亿 t,占全国煤炭资源预测储量的 4.2%。按照每年生产 1 亿 t 煤炭的目标计算,至少可以开发 786 年,已完全具备亿万吨级大煤田建设条件。庆阳境内的煤炭虽然埋藏较深,但煤质好,是优良的动力煤和化工煤。庆阳煤炭开发吸引了特大型央企和其他企业的投资兴趣,已有中国华能集团公司、中国铝业、大唐集团、华电集团、中煤等央企和诸如淮北矿业、金川集团、甘肃能源集团等省级大型企业进入庆阳市开发建设煤矿、煤电、煤化工、煤建材和运煤公路、铁路等项目。庆阳在建的大型煤矿有核桃峪、新庄、马福川、刘园子、甜水堡等年产近 3 000 万 t 的几个煤矿。

庆阳市还拥有白云岩、石英砂、石炭岩等 10 多种矿产资源,具有良好的开发前景。白云岩分布于环县毛井乡黄寨柯村的阴石峡,矿区出露总储量 675.7 万 t。矿石为块状,基本不含杂质,可达到一级晶要求,具有满足冶金、陶瓷、玻璃及提炼金属镁等良好的工业开发价值,而且矿区地质结构稳定,交通方便,土地宽阔,工程技术环境和条件良好。石英砂主要分布于镇原—西峰一带及环县甜水堡,其化学成分、矿物成分和粒度成分三大指标均符合酒瓶玻璃原料标准。镇原—西峰7个矿点估算总储量5 429万 t,环县甜水堡估算总储量为800万 t,均属大型矿床规模,具有良好的开发前景。石灰岩主要分布于环县西北部的石梁,为中型矿床,矿体呈层状分布,远景储量1 225.9万 t,其中水泥石灰岩39.5万 t、制碱灰岩1 184.4万 t。

4.1.5.4 内蒙古自治区

1. 阿拉善盟

截至2016年,阿拉善盟已探明的矿藏有86种,产地共计416处。其中有开发利用价值的54种,现已开采40种。阿拉善盟境内有大小盐湖53个,主要是吉兰泰、雅布赖等,湖盐探明储量达1.6亿 t;天然碱产地10处,总储量57.8万 t;硝产地30处,总储量1亿 t。阿拉善盟煤炭资源丰富,煤种齐全,煤质优良,主要分布在贺兰山、长山子、西戈壁滩三大含煤区,矿区16处,探明煤炭储量达13.9亿 t,其中无烟煤探明储量4亿 t。

2. 鄂尔多斯市

鄂尔多斯市有各类矿藏50多种,矿产资源主要有:①煤炭,煤炭已探明储量1 676亿 t,占全国的1/6,有褐煤、长焰煤、不黏结煤、弱黏结煤、气煤、肥煤和焦煤等;②石油、天然气,天然气探明储量8 000多亿 m³,占全国的1/3,天然气的成分以甲烷为主,乙烷、丙烷次之,另含有少量异丁烷、正丁烷、二氧化碳、氮气等;③油页岩,油页岩矿产发现7处,其中小型矿床3处、矿点4处;④化工原料非金属矿产,主要有天然碱、芒硝、盐类、黄铁矿和泥炭,其次有与上述诸矿物伴生的钾盐、镁盐、溴、硼、磷矿,有矿床、矿点114处;⑤建筑非金属矿产,主要有石膏、石灰岩、石英砂及石英岩、白云岩和制砖黏土,其次为泥灰岩、大理岩、花岗岩、木纹石、石墨等;⑥铁矿,铁矿总储量为1 401.3万 t;⑦铜矿,鄂尔多斯市境内已发现铜矿床5处,其中矿点3处、矿化点2处;⑧锌矿,锌矿仅在鄂托克旗阿尔巴斯苏木境内发现1处矿化点;⑨耐火黏土,境内耐火黏土矿产资源包括高铝耐火黏土、硬质耐火黏土、软质耐火黏土;⑩稀有金属、分散元素矿产,境内有稀有金属铌、钽,分散元素锗、镓,已发现矿点4处;⑪砂金,境内发现砂金矿床3处。

4.1.6 水资源量

4.1.6.1 宁夏回族自治区

1956~2016年,吴忠市降水总量47.64亿 m³,水资源总量1.33亿 m³。其中,地表水资源量1.11亿 m³,地下水资源量3.72亿 m³,地下水资源量与地表水资源量之间的重复计算量为3.50亿 m³。

1956~2016年,银川市降水总量19.86亿 m³,水资源总量1.94亿 m³。其中,地表水资源量1.25亿 m³,地下水资源量6.23亿 m³,地下水资源量与地表水资源量之间的重复计算量为5.54亿 m³。

1956~2016年,中卫市降水总量38.70亿 m³,水资源总量1.56亿 m³。其中,地表水资源量1.31亿 m³,地下水资源量3.10亿 m³,地下水资源量与地表水资源量之间的重复计算量为 2.84 亿 m³。

1956~2016 年,石嘴山市降水总量 7.12 亿 m³,水资源总量 1.01 亿 m³。其中,地表水资源量 0.56 亿 m³,地下水资源量 3.66 亿 m³,地下水资源量与地表水资源量之间的重复计算量为 3.21 亿 m³。

1956~2016 年,固原市降水总量 42.60 亿 m³,水资源总量 3.73 亿 m³。其中,地表水资源量 3.25 亿 m³,地下水资源量 1.87 亿 m³,地下水资源量与地表水资源量之间的重复计算量为 1.38 亿 m³。

4.1.6.2　陕西省

1956~2016 年,榆林市降水总量 185.70 亿 m³,水资源总量 8.46 亿 m³。其中,地表水资源量 8.13 亿 m³,地下水资源量 4.55 亿 m³,地下水资源量与地表水资源量之间的重复计算量为 4.21 亿 m³。

1956~2016 年,延安市降水总量 258.06 亿 m³,水资源总量 26.73 亿 m³。其中地表水资源量 20.46 亿 m³,地下水资源量 17.48 亿 m³,地下水资源量与地表水资源量之间的重复计算量为 11.21 亿 m³。

4.1.6.3　甘肃省

1956~2016 年,庆阳市降水总量 113.13 亿 m³,水资源总量 4.94 亿 m³。其中,地表水资源量 4.57 亿 m³,地下水资源量 1.88 亿 m³,地下水资源量与地表水资源量之间的重复计算量为 1.51 亿 m³。

1956~2016 年,民勤县降水总量 19.79 亿 m³,水资源总量 0.41 亿 m³。其中,地表水资源量 0.39 亿 m³,地下水资源量 0.14 亿 m³,地下水资源量与地表水资源量之间的重复计算量为 0.12 亿 m³。

4.1.6.4　内蒙古自治区

1956~2016 年,阿拉善盟降水总量 211.1 亿 m³,水资源总量 3.36 亿 m³。其中,地表水资源量 0.37 亿 m³,地下水资源量 4.73 亿 m³,地表水资源量与地下水资源量之间的重复量为 1.74 亿 m³。

1956~2016 年,鄂尔多斯市降水总量 357.49 亿 m³,水资源总量为 37.2 亿 m³,其中地表水资源量 10.56 亿 m³,地下水资源量 28.13 亿 m³,地表水资源量与地下水资源量之间的重复量为 1.49 亿 m³。

4.2　社会经济概况

4.2.1　人口

黑山峡河段工程受水区主要包括宁夏吴忠市、银川市等 5 市 17 县(区),陕西榆林市、延安市等 2 市 6 县,甘肃庆阳市 4 县、武威市民勤县以及内蒙古阿拉善盟、鄂尔多斯市等 2 市 3 旗。

据统计,现状年 2016 年受水区常住人口 839.5 万人,其中城镇人口 477.0 万人,城镇化率 56.8%。现状年各县(区)人口和城镇化率详见表 4-1。

表 4-1　现状年受水区人口及城镇化率

省（自治区）	市级行政区	县级行政区	总人口（万人）	城镇人口（万人）	农村人口（万人）	城镇化率（%）
宁夏	吴忠市	利通区	41.1	25.9	15.2	63.0
		红寺堡区	19.4	6.5	12.9	33.5
		盐池县	15.6	7.0	8.6	44.9
		同心县东部	13.6	3.1	10.5	22.8
		青铜峡市	27.8	16.0	11.8	57.6
		小计	117.5	58.5	59.0	49.8
	银川市	兴庆区	70.5	65.0	5.5	92.2
		西夏区	35.6	32.1	3.5	90.2
		金凤区	30.8	26.9	3.9	87.3
		永宁县	24.0	12.0	12.0	50.0
		贺兰县	25.6	13.5	12.1	52.7
		灵武市	29.1	16.2	12.9	55.7
		小计	215.6	165.7	49.9	76.9
	中卫市	沙坡头区	40.6	22.2	18.4	54.7
		中宁县	34.5	14.2	20.4	41.2
		海原县	40.2	9.6	30.6	23.9
		小计	115.3	46.0	69.4	39.9
	石嘴山市	平罗县	24.6	11.8	12.8	48.0
		大武口区	30.6	28.4	2.1	92.8
		小计	55.2	40.2	14.9	72.8
	固原市	原州区	42.1	20.4	21.8	48.5
	合计		545.7	330.8	215.0	60.6
陕西	榆林市	定边县	32.7	15.1	17.7	46.2
		靖边县	36.9	23.1	13.7	62.6
		小计	69.6	38.2	31.4	54.9
	延安市	宝塔区	48.9	38.9	10.1	79.6
		安塞区	17.7	9.3	8.4	52.5
		吴起县	15.2	9.0	6.2	59.2
		志丹县	14.7	8.7	5.9	59.2
		小计	96.5	65.9	30.6	68.3
	合计		166.1	104.1	62.0	62.7

续表 4-1

省（自治区）	市级行政区	县级行政区	总人口（万人）	城镇人口（万人）	农村人口（万人）	城镇化率（%）
甘肃	庆阳市	庆城县	26.7	9.6	17.1	36.0
		环县	31.0	8.5	22.5	27.4
		华池县	13.1	4.6	8.6	35.1
		合水县	15.1	5.2	9.9	34.4
		小计	85.9	27.9	58.1	32.5
	石羊河流域		24.1	8.1	16.0	33.6
	合计		110.0	36.0	74.1	32.7
内蒙古	阿拉善盟	阿拉善左旗	7.2	2.5	4.7	34.7
	鄂尔多斯市	鄂托克旗	7.3	2.4	4.9	32.9
		鄂托克前旗	3.2	1.2	2.0	37.5
		小计	10.5	3.6	6.9	34.3
	合计		17.7	6.1	11.6	34.5
总计			839.5	477.0	362.7	56.8

4.2.1.1 宁夏回族自治区

2016 年,宁夏受水区常住人口 545.7 万人,城镇人口 330.8 万人,城镇化率 60.6%。其中:吴忠市常住人口 117.5 万人,城镇化率 49.8%;银川市常住人口 215.6 万人,城镇化率 76.9%;中卫市常住人口 115.3 万人,城镇化率 39.9%;石嘴山市常住人口 55.2 万人,城镇化率 72.8%;固原市原州区常住人口 42.1 万人,城镇化率 48.5%。

4.2.1.2 陕西省

2016 年,陕西受水区常住人口 166.1 万人,城镇人口和农村人口分别为 104.1 万人、62.0 万人,城镇化率 62.7%。其中:榆林市受水区常住人口 69.6 万人,城镇人口和农村人口分别为 38.2 万人、31.4 万人,城镇化率 54.9%;延安市受水区常住人口 96.5 万人,城镇人口和农村人口分别为 65.9 万人、30.6 万人,城镇化率 68.3%。

4.2.1.3 甘肃省

2016 年,甘肃受水区常住人口 110.0 万人,城镇人口和农村人口分别为 36.0 万人、74.1 万人,城镇化率 32.7%;甘肃受水区主要为庆阳四县和民勤县,其中庆阳受水区常住人口 85.9 万人,城镇人口和农村人口分别为 27.9 万人、58.1 万人,城镇化率 32.5%;民勤县受水区人口主要为规划的大柳树灌区内的常住人口,现状年民勤县受水区常住人口为 24.1 万人,城镇人口和农村人口分别为 8.1 万人、16.0 万人,城镇化率 33.6%。

4.2.1.4 内蒙古自治区

2016 年,内蒙古自治区受水区常住人口 17.7 万人,城镇人口和农村人口分别为 6.1 万人、11.6 万人,城镇化率 34.5%。内蒙古受水区人口主要为大柳树灌区规划范围的阿拉善左旗、鄂托克旗和鄂托克前旗的常住人口,现状年阿拉善盟受水区常住人口7.2万人,城镇人口和农村人口分别为2.5万人、4.7万人,城镇化率34.7%;鄂尔多斯市受水区常住人口10.5万人,城镇人口和农村人口分别为3.6万人、6.9万人,城镇化率34.3%。

4.2.2　GDP

据统计,现状年2016年受水区所在行政区地区生产总值4 758.7亿元,其中第一产业、第二产业、第三产业增加值分别为351.8亿元、2 557.2亿元和1 849.6亿元,三产结构为7.4∶53.7∶38.9。工业和建筑业增加值分别为2 071.2亿元、486.0亿元。现状年各县(区)GDP统计成果详见表4-2。

表4-2　现状年受水区各县(区)经济指标　　　　　　　　　(单位:亿元)

省 (自治区)	市级 行政区	县级 行政区	GDP	第一产业 增加值	第二产业增加值			第三产业 增加值
					小计	工业	建筑业	
宁夏	吴忠市	利通区	163.9	16.9	97.9	69.5	28.4	49.1
		红寺堡区	39.3	4.6	29.6	26.5	3.1	5.1
		盐池县	50.2	6.0	19.5	7.3	12.2	24.7
		同心县	20.8	4.4	7.6	4.6	3.0	8.8
		青铜峡市	134.2	17.0	80.9	64.1	16.8	36.3
		小计	408.4	48.9	235.5	172.0	63.5	124.0
	银川市	兴庆区	475.5	6.2	95	55.9	39.1	374.3
		西夏区	302.5	7.8	161.3	106.6	54.7	133.4
		金凤区	195.5	3.3	95.8	35.3	60.5	96.4
		永宁县	125.6	15.0	68.8	41.3	27.5	41.8
		贺兰县	134.2	16.4	75.6	59.6	16.0	42.2
		灵武市	96.0	10.0	40.6	16.5	24.1	45.4
		小计	1 329.3	58.7	537.1	315.2	221.9	733.5
	中卫市	沙坡头区	155.8	23.0	58.4	47.8	10.6	74.4
		中宁县	134.5	17.9	74.0	48.3	25.7	42.6
		海原县	48.9	11.6	16.7	9.1	7.6	20.6
		小计	339.2	52.5	149.1	105.2	43.9	137.6
	石嘴山市	平罗县	150.1	19.3	87.2	74.7	12.5	43.6
		大武口区	212.4	0.9	135.0	113.3	21.7	76.5
		小计	362.5	20.2	222.2	188.0	34.2	120.1
	固原市	原州区	103.3	14.3	26.3	15.3	11.0	62.7
	合计		2 542.7	194.6	1 170.2	795.7	374.5	1 177.9

续表 4-2

省（自治区）	市级行政区	县级行政区	GDP	第一产业增加值	第二产业增加值			第三产业增加值
					小计	工业	建筑业	
陕西	榆林	定边县	230.6	19.6	144.6	143.8	0.8	66.4
		靖边县	248.9	22.1	152.4	149.6	2.8	74.4
		小计	479.5	41.7	297.0	293.4	3.6	140.8
	延安	宝塔区	255.1	12.8	82.6	71.5	11.1	159.7
		安塞区	76.7	8.1	46.8	44.6	2.2	21.8
		吴起县	108.7	4.7	81.7	78.4	3.3	22.3
		志丹县	107.6	5.1	76.1	72.8	3.3	26.4
		小计	548.1	30.7	287.2	267.3	19.9	230.2
	合计		1 027.6	72.4	584.2	560.7	23.5	371.0
甘肃	庆阳	庆城县	81.2	10.0	50.0	46.6	3.4	21.2
		环县	75.1	8.6	39.0	38.6	0.4	27.5
		华池县	72.4	5.4	54.5	50.1	4.4	12.5
		合水县	46.9	8.3	26.4	26.3	0.1	12.2
		小计	275.6	32.3	169.9	161.6	8.3	73.4
	民勤县		77.8	25.2	25.7	11.8	13.9	26.9
	合计		353.4	57.5	195.6	173.4	22.2	100.3
内蒙古	阿拉善盟	阿拉善左旗	269.3	8.6	194.5	176.1	18.4	66.2
	鄂尔多斯市	鄂托克旗	130.0	11.2	80.2	63.6	16.6	38.6
		鄂托克前旗	435.7	7.5	332.5	301.7	30.8	95.7
		小计	565.7	18.7	412.7	365.3	47.4	134.3
	合计		835.0	27.3	607.2	541.4	65.8	200.5
总计			4 758.7	351.8	2 557.2	2 071.2	486.0	1 849.6

4.2.2.1 宁夏回族自治区

根据统计年鉴,现状年 2016 年宁夏回族自治区吴忠市、银川市等 5 市 16 县(区)国民生产总值 2 542.7 亿元,其中第一产业、第二产业、第三产业增加值分别为 194.6 亿元、1 170.2 亿元和 1 177.9 亿元,三产结构为 7.7∶46.0∶46.3。工业和建筑业增加值分别为 795.7 亿元、374.5 亿元。

现状年,吴忠市地区生产总值为 408.4 亿元,其中第一产业、第二产业、第三产业增加值分别为 48.9 亿元、235.5 亿元和 124.0 亿元,三产结构为 12.0∶57.7∶30.34。工业和建筑业增加值分别为 172.0 亿元、63.5 亿元。

现状年,银川市地区生产总值为 1 329.3 亿元,其中第一产业、第二产业、第三产业增加值分别为 58.7 亿元、537.1 亿元和 733.5 亿元,三产结构为 4.4:40.4:55.2。工业和建筑业增加值分别为 315.2 亿元、221.9 亿元。

现状年,中卫市沙坡头区、中宁县和海原县地区生产总值为 339.2 亿元,其中第一产业、第二产业、第三产业增加值分别为 52.5 亿元、149.1 亿元和 137.6 亿元,三产结构为 15.5:44.0:40.5。工业和建筑业增加值分别为 105.2 亿元、43.9 亿元。

现状年,石嘴山市大武口区和平罗县地区生产总值为 362.5 亿元,其中第一产业、第二产业、第三产业增加值分别为 19.3 亿元、87.2 亿元和 43.6 亿元,三产结构为 5.6:61.3:33.1。工业和建筑业增加值分别为 188.0 亿元、34.2 亿元。

现状年,固原市原州区地区生产总值为 103.3 亿元,其中第一产业、第二产业、第三产业增加值分别为 14.3 亿元、26.3 亿元和 62.7 亿元,三产结构为 13.8:25.54:60.7。工业和建筑业增加值分别为 15.3 亿元、11.0 亿元。

4.2.2.2　陕西省

现状年,陕西省榆林市、延安市 2 市 6 县(区)地区生产总值为 1 027.6 亿元,其中第一产业、第二产业、第三产业增加值分别为 72.4 亿元、584.2 亿元和 371.0 亿元,三产结构为 7.0:56.9:36.1。工业和建筑业增加值分别为 560.7 亿元、23.5 亿元。

榆林市定边县和靖边县地区生产总值为 479.4 亿元,其中第一产业、第二产业、第三产业增加值分别为 41.7 亿元、297.0 亿元和 140.8 亿元,三产结构为 8.7:61.9:29.4。工业和建筑业增加值分别为 293.4 亿元、3.6 亿元。

延安市宝塔区、安塞区、吴起县、志丹县地区生产总值为 548.1 亿元,其中第一产业、第二产业、第三产业增加值分别为 30.7 亿元、287.2 亿元和 230.2 亿元,三产结构为 5.6:52.4:42.0。工业和建筑业增加值分别为 267.3 亿元、19.9 亿元。

4.2.2.3　甘肃省

现状年,甘肃省庆阳市庆城县、环县、华池县、合水县地区生产总值为 275.6 亿元,其中第一产业、第二产业、第三产业增加值分别为 32.3 亿元、169.9 亿元和 73.4 亿元,三产结构为 11.7:61.7:26.6。工业和建筑业增加值分别为 161.6 亿元、8.3 亿元。

现状年,甘肃省民勤县地区生产总值为 77.8 亿元,其中第一产业、第二产业、第三产业增加值分别为 25.2 亿元、25.7 亿元和 26.9 亿元,三产结构为 32.4:33.1:34.5。工业和建筑业增加值分别为 11.8 亿元、13.9 亿元。

4.2.2.4　内蒙古自治区

现状年,内蒙古阿拉善盟、鄂尔多斯市 2 市 3 旗地区生产总值为 835.0 亿元,其中第一产业、第二产业、第三产业增加值分别为 27.3 亿元、607.2 亿元和 200.5 亿元,三产结构为 3.3:72.7:24.0。工业和建筑业增加值分别为 541.4 亿元、65.8 亿元。

阿拉善盟阿拉善左旗地区生产总值为 269.3 亿元,其中第一产业、第二产业、第三产业增加值分别为 8.6 亿元、194.5 亿元和 66.2 亿元,三产结构为 3.2:72.2:24.6。工业和建筑业增加值分别为 176.1 亿元、18.4 亿元。

鄂尔多斯市鄂托克旗和鄂托克前旗地区生产总值为 565.7 亿元,其中第一产业、第二产业、第三产业增加值分别为 18.7 亿元、412.7 亿元和 134.3 亿元,三产结构为

3.3∶73.0∶23.7。工业和建筑业增加值分别为365.3亿元、47.4亿元。

4.2.3　农业灌溉

4.2.3.1　宁夏回族自治区

现状年,宁夏回族自治区规划大柳树灌区范围内已开发灌溉面积185.42万亩,分布在黄河左岸和右岸的11个县(区)。其中:左岸主要分布在永宁县、青铜峡市、贺兰县等,右岸主要分布在沙坡头区、中宁县、红寺堡区、平罗县等。现有灌区以农作物种植为主,占灌区面积的72.37%;林地面积占灌区面积的26.23%,草地面积占灌区面积的1.39%。农作物以玉米、小麦和瓜菜为主。已开发灌区面积分布详见表4-3。

表4-3　宁夏回族自治区已开发灌区面积

灌区	所在县(市、区)	已开发灌区面积(万亩)
河西自流灌区		56.62
葡萄墩塘	沙坡头区	4.43
太阳梁	中宁县	3.89
四眼井	青铜峡市	0.73
马场滩	青铜峡市	2.25
鸽子山—甘城子	青铜峡市	9.71
闽宁	永宁县	19.16
镇北堡	西夏区	9.18
暖泉	贺兰县	7.27
河东自流灌区		128.80
常乐	沙坡头区	0.50
南山台子	沙坡头区	13.50
大战场	沙坡头区	3.92
	中宁县	15.69
	小计	19.62
长山头	中宁县	18.82
	红寺堡区	2.09
	小计	20.92
恩和	中宁县	9.24
红寺堡	红寺堡区	23.21
扁担沟	利通区	11.32
五里坡	灵武市	4.49
狼皮子梁	灵武市	4.18
大泉	灵武市	2.08
月牙湖	兴庆区	5.63
陶乐	平罗县	14.11
合计		185.42

4.2.3.2　陕西省

现状年,陕西省规划大柳树灌区范围内已开发灌溉面积 44.8 万亩,分布在黄河右岸的定边县和靖边县,其中定边县 28.6 万亩、靖边县 16.2 万亩。灌区以种植农作物为主,占灌区面积的 54%,林、草面积分别占灌区面积的 16% 和 30%,主要农作物为玉米、红薯、蔬菜和油料。已开发灌区面积分布详见表 4-4。

表 4-4　陕西省已开发灌区面积

灌区名称		已开发灌区面积(万亩)
右岸	定边	28.6
	靖边	16.2
合计		44.8

4.2.3.3　内蒙古自治区

现状年,内蒙古自治区规划大柳树灌区范围内已开发灌溉面积 20.8 万亩,主要分布在黄河左岸的孪井滩和腰坝灌区,其中孪井滩 11.3 万亩,腰坝 9.2 万亩。灌区主要种植牧草和农作物,分别占灌区面积的 51% 和 40%,林地面积仅占灌区面积的 9%。主要种植的农作物有苜蓿、葡萄、玉米制种、西瓜、油葵、麻黄、梭梭、速生杨等。已开发灌区面积分布详见表 4-5。

表 4-5　内蒙古自治区已开发灌区面积

灌区名称		已开发灌区面积(万亩)
左岸	孪井滩	11.3
	腰坝	9.2
右岸	鄂托克前旗	0.3
合计		20.8

4.2.4　工业

4.2.4.1　宁夏回族自治区

1. 吴忠市

2016 年吴忠市工业增加值 5.49 亿元,受水区工业园区 4 个,其中红寺堡区 2 个(太阳山工业园区、弘德慈善产业园)、同心县 1 个、盐池县 1 个。主要发展食品加工、新能源、新材料和装备制造。

1)吴忠市金积工业园区

金积工业园区位于吴忠市利通区金积镇境内,是国家发展和改革委员会、国土资源部审核批准的自治区十大省级工业园区之一,由穆斯林产业园、金积工业园、造纸化工循环经济园和镁合金产业园等四个特色产业园构成,规划总面积 120 km²,现已形成了以清真食品、乳制品、造纸、化工、印刷包装等产业为主的工业体系。

2)吴忠市太阳山工业园区

太阳山工业园区位于红寺堡区东边的太阳山镇,该园区包括石油、煤化工产业、新材料及装备制造产业等。

宁夏黄河善谷红寺堡福利企业创业园区(弘德慈善产业园)是在省级红寺堡工业园区基础上发展起来的。该园区规划总面积约 10 km²。园区产业布局上重点发展劳动密集型轻纺工业、清真食品与绿色果蔬农副产品加工业、风电及光伏新能源产业以及仓储物流产业。

3)宁夏同德慈善产业园

2012 年 11 月,自治区政府批准设立宁夏同德慈善产业园(自治区级产业园)。自治区发展和改革委员会以宁发改审〔2012〕632 号文件批复园区总体规划,规划总面积 50 km²,以"一园四区"模式建设。一是以发展羊绒产业为主的羊绒产业园区,占地 1 km²。二是以发展新材料及装备制造产业为主的太阳山新材料及装备制造产业区,占地 20 km²。三是以发展枸杞、中药材种植及深加工为主的下马关农副产品深加工科技示范园区,占地面积 2 km²。四是以发展清真食品及穆斯林用品等清真产业为主的中小企业创业孵化园暨同心县阿语翻译创业园,占地 1 km²;下马关农副产品深加工科技示范园区位于同心县东部的下马关镇,以发展枸杞、中药材种植及深加工为主。

4)宁夏盐池工业园区

盐池工业园区位于城区东侧,主要以发展轻工业为主,近年来该园区引进了以地方资源深加工为主的优势企业,如紫荆花药厂、绿海苜蓿产业发展公司、荣宝园养殖公司、新型塑料公司等企业,它们分别是盐池县医药、草畜、新材料方面的龙头企业,这些优势企业形成辐射面最广、带动力最强、影响力最大的产业链。

2. 银川市

2016 年,银川市工业增加值为 298.6 亿元。受水区目前已建、在建工业园区 6 个,其中已建 5 个、在建 1 个。各工业园区主要以一般工业为主,主要涉及食品、装备制造、新材料、纺织和生物制药等工业类型。

1)银川经济技术开发区

银川经济技术开发区是宁夏第一个国家级开发区,面积 7.5 km²,规划控制总面积 32 km²,是自治区级工业园区之一。目前,开发区已经形成了以高端装备制造、战略性新材料、生产性服务业、高端健康消费品生产为特色的四大产业集群。高端装备制造和战略性新材料两大集群产业形成了明显的比较优势,被国家工信部认定为"装备制造国家新型工业化产业示范基地"。

2)宁夏永宁工业园区

宁夏永宁工业园区(又名银川望远工业园)是自治区级工业园区之一、全区唯一循环经济试点园区、银川市重要工业基地。

生物制药产业在园区保持主导地位,被国家确定为全国生物发酵特色产业基地。利用气候、煤炭、电力、玉米等资源综合优势,重点发展玉米淀粉及其深加工、生物制药产品衍生物的开发和生产。目前,已逐步建立起以启元药业、多维药业、伊品食品为核心的独具特色和有竞争力的发酵及生物制药产业集群。开发以罗红霉素、阿奇霉素、克拉霉素等为主的生物制药下游产品,扩大味精、赖氨酸、苏氨酸、谷氨酸生产规模,使永宁成为全国重要的生物发酵产业聚集区,也是全国最有影响力的抗生素生产基地之一。

3)宁夏生态纺织产业示范园

宁夏生态纺织产业示范园由国家发展和改革委员会于 2011 年 9 月正式批准建设,是自治区级工业园区。项目一期投资 500 亿元,预测产值达到 800 亿元,到 2015 年建成以 120 万 t 彩色涤纶生产规模为主,包括其他纺织产品及配套设施的生态纺织示范园。园区主要引进化纤、纺织、服装等相关领域优势企业入园,打造从纺织新材料到色纺、色织、服装、家纺、装饰等产业一体化、产业链完整的生态纺织体系。

4)宁东能源化工基地

宁夏宁东能源化工基地位于自治区首府银川市灵武县境内,占地跨在灵武、盐池、同心、红寺堡地区,面积约为 3 500 km²。宁东能源化工基地分为 3 个分基地:宁东煤炭基地、宁东火电基地、宁东煤化工基地。基地核心区位于银川市灵武境内,重点发展煤、电、煤化工三大核心产业,机械加工、生物制品、建筑材料等相关产业和一大批辐射产业。已探明煤炭储量 273 亿 t,远景储量 1 394.3 亿 t,是一个全国罕见的储量大、煤质好、地质构造简单的整装煤田,被列为国家 13 个重点开发的亿吨级矿区之一。

5)银川高新技术产业开发区

银川高新技术产业开发区(宁夏灵武羊绒产业园区)始建于 2003 年,2009 年被自治区政府命名为"银川高新技术产业开发区"。目前,银川国家高新技术产业开发区现有企业 52 家,其中羊绒企业 43 家、其他企业 9 家。羊绒产业是银川高新技术产业开发区的主导产业,也使灵武成为全国乃至世界重要的羊绒集散地和羊绒制品加工基地,赢得了"世界羊绒看中国,精品羊绒在灵武"的美誉。

6)银川综合保税区

2012 年 9 月 12 日,宁洽会暨第三届中阿经贸论坛开幕前夕,国务院批准了在宁夏回族自治区建立内陆开放试验区,并批准建立银川综合保税区。利用银川综合保税区特有的功能政策优势,将其建设成为进出口加工、现代物流和国际贸易同步发展的西部地区最大的外向型产业聚集区,打造内陆开发开放试验区桥头堡,实现银川经济跨越式发展目标,服务和拉动宁夏及西部地区外向型经济发展。

3. 石嘴山市

石嘴山生态经济区是 1996 年经自治区审批建设的第一批区级乡镇企业工业园区,2014 年 6 月列入国家循环化改造示范试点园区(宁夏平罗工业园区)。重点发展机械装备及节能环保设备制造、电子信息、新能源、生物科技、农副产品精深加工、精细化工、多元合金等产业。

4.2.4.2　陕西省

1. 榆林市

靖边县产业园区主要有 4 个,分别为靖边县能化综合利用产业园区、靖边县中小企业创业园、榆林靖边现代农业产业示范区、靖边县新能源利用产业园区等。①靖边县能化综合利用产业园区启动建设区,规划控制区 40 km²。园区定位:重点发展煤、油化工产业。②靖边县中小企业创业园,园区功能定位及发展重点为能化园区配套产业和建筑建材。

园区定位:重点发展装备制造、特色农副产品精深加工、新型建材产业。③榆林靖边现代农业产业示范区,园区功能定位及发展重点为农副产品精深加工,现状年建设用地为2.00 km²。园区定位:重点发展设施蔬菜产业化示范。④靖边县新能源利用产业园区。园区定位:太阳能和风能。

定边县有2个工业园区:①定边县工业新区,规划总人口5万人。规划形成"两轴三心、一带四片"的规划结构。园区定位:重点发展农副产品加工、装备制造及商贸服务业。②定边县白泥井移民新城,是国家级现代特色农业科技示范区。规划建设农产品加工园区1处,农产品物流园区2处,农产品交易市场2处。园区定位:重点发展马铃薯、无公害大漠蔬菜产业化示范。

2. 延安市

受水区工业主要集中在安塞区、吴起县和志丹县。其中,志丹县主要是以商贸、旅游服务和地方资源为依托的加工业为主导产业,为能源化工基地油气主产区、特色农牧产品生产基地;吴起县为能源化工基地油气主产区、特色农牧产品生产基地,为延安北部工业大县。

1)安塞工业园区

安塞工业园区是省政府确定的省级工业园和省级新型工业化产业转移示范基地,是陕西省20个重点园区之一。园区规划面积7 km²。

2)吴起县金马工业园区

吴起县金马工业园区总规划面积6 045亩,定位为"一园五区",即周长片区为新能源产业区,张坪片区为绿色能源化工区,杏树湾片区为现代物流区,李洼子片区为汽车产业服务区,金佛坪片区为农副产品加工及非公经济、小微企业孵化区。园区产业发展定位:园区以建设产业高地、创新基地、产城融合发展为战略定位,以新能源产业、绿色能源化工、现代物流、汽车产业服务、农副产品加工及非公经济、小微企业孵化为主导产业。

3)志丹工业园区

陕西志丹工业园区位于县城以南,总规划面积18 km²,园区主要依托本县特色农产品资源、当地优质矿泉水和域内,以及周边丰富的石油、伴生气、天然气等资源,重点发展农产品深加工、矿泉水和以天然气液化、伴生气加工为主的精细化工项目。2016年,园区实现工业产值3.6亿元。

4.2.4.3 甘肃省

甘肃省人民政府以甘政函〔2008〕87号文件明确指出,庆阳市工业集中区综合定位是:依托丰富的石油天然气、煤炭煤层气及特色农产品资源优势,北部环县、庆城、华池及东部的合水重点建设煤化工、建材、中药材和特色农副产品加工基地,实现石油、煤炭产业的循环发展。

1. 庆城县驿马工业集中区

驿马工业集中区按照建设"西部特色农产品加工出口贸易区、甘肃农产品精深加工循环经济示范区、庆阳城乡一体化发展试验示范区"的战略定位,规划涉及农畜产品加工、生物医药、机械制造、设备维修、建筑建材、果品储运、商贸服务行业。现已形成了以驿马为中心,辐射带动白马、赤城和熊家庙等乡镇的农产品加工企业集群。

2. 西川工业集中区

西川工业集中区位于庆城县西北川区,规划面积 13.98 km²,是庆阳市"一区四园、一线八域"和庆城县"一城两园四线"战略布局的核心区之一,也是市县确定的"能源开发配套产业聚集区"和"装备制造产业园"。集中区以油煤气配套产业为北翼、轻工建材产业为南翼,贺旗—董家滩油煤气综合配套、马岭装备制造及物流服务、阜城—韩湾轻工建材3 大产业聚集区的"一心两翼三组团"带状发展格局,主要依托油、煤、气等资源开发,重点发展与之相关的装备制造、设备维修、技术服务、精细化工、建材物流等配套服务产业。

3. 华池县悦乐工业集中区

华池县悦乐工业集中区是市政府确定为县级重点工业集中区,总占地面积 702.7 hm²。规划区主要分为建材生产及物流仓储区、农特产品加工产业园、石油装备维修制造产业园三大板块,主要以草畜产业开发、绿色农特产品加工、新型建材、石油装备制造产业为主,以装备制造、农特产品加工、建筑建材为主的"一区两园"格局初步形成。

4. 合水县工业集中区

合水县工业集中区位于县城南郊西华池镇师家庄村,规划占地面积 3 000 亩。空间组织由"一心、两轴、五区"构成("一心"是综合服务核心区,"两轴"是工业区的两条发展轴线为贯通工业区的 211 国道和国道东西两侧区域,"五区"是工业集中区结构基本上是以两条轴线为界而划分的五个功能产业片区,包括生态型农产品加工产业区、现代加工工业区、新型建工建材产业区、高科技有机化工产业区、预留用地片区)。五个片区由发展主轴线紧密相接,形成了协调发展的整体格局。该区是以特色农产品加工、食品药材加工、石油及煤精细化工加工为主的省级综合性工业集中区。

4.2.4.4 内蒙古自治区

内蒙古自治区受水区范围内仅有上海庙能源化工基地,位于鄂托克前旗。上海庙能源化工基地是 2001 年经自治区政府批准设立的开发区,是全国十四个大型煤炭基地宁东—上海庙基地的重要组成部分,是蒙陕甘宁"能源金三角"的重要组成部分,也是自治区沿黄经济带重点煤化工园区之一。基地规划面积约 1 800 km²。煤炭资源分布面积4 000 km²,已探明煤炭储量 143 亿 t,远景储量达 500 亿 t。

5 水资源开发利用及生态环境现状

5.1 水资源开发利用现状

5.1.1 供水工程现状

5.1.1.1 宁夏回族自治区

1. 地表水供水工程

宁夏受水区地表水工程主要有盐环定扬水工程及其配套工程、红寺堡扬水工程及其配套工程、固海扬水工程、宁东供水工程等供水工程(详见 3.3 节)。主要的蓄水工程有刘家沟水库、鲁家窑供水水源工程和韦州水库。

1)刘家沟水库

刘家沟水库是太阳山供水工程的水源工程,位于盐池县惠安镇的刘家沟上。水库水源引自盐环定扬水八干渠 8+550 处,通过联合闸自库尾自流进水,设计引水流量 10.5 m³/s。工程建设的任务是为太阳山开发区工业生产、城镇居民生活、商贸和周边农牧民生产、生活提供用水,为改善工业园区周边生态环境提供水源。

该工程水库出口年供水量为 3 195 万 m³,其中生活 575 万 m³、工业 2 620 万 m³;考虑水库蒸发、渗漏损失后,工程在八干渠直开口的取水量为 3 674 万 m³,其中,生活 661 万 m³、工业 3 013 万 m³。

2)鲁家窑供水水源工程

鲁家窑供水水源工程是自治区水利厅为响应自治区党委、政府生态移民战略和"打造黄河善谷,发展慈善事业"的重大决策而承担建设的旨在改善民生的公益性工程。工程的主要任务是解决红寺堡区生态移民的生产、生活用水,弘德慈善工业园区工业、生活和生态用水,以及红寺堡城区和周边农村的生活用水。

鲁家窑水库位于红寺堡城区以北约 8 km 处,水库总库容 380 万 m³,其中调节库容 314.39 万 m³。该水库是红寺堡区鲁家窑供水工程的调蓄水库。工程规划年供水总量 910.7 万 m³,设计日供水量 5.0 万 m³/d(农业灌溉 3.4 万 m³/d、生活及工业 1.6 万 m³/d)。

3)韦州水库

韦州水库是同心县红寺堡干渠的调节水库,水库总库容 94.5 万 m³,主要任务是改善韦州灌域灌溉用水条件,为当地抗旱应急提供生活、生产供水的备用水源。

2. 地下水供水工程

地下水供水工程主要包括城镇自来水井、厂矿企业自备水井及农村机电井,受水区典型地下水水源地有红寺堡区恩和及柳泉水源地、盐池县骆驼井水源地等。

1）红寺堡区恩和及柳泉水源地

在红寺堡区开发建设前期，为了解决红寺堡红柳沟以西区域移民的生活用水，实施了红寺堡西部供水工程，水源为跨行政辖区的中宁县恩和地下水源，设计多年平均开采量为2万 m^3/d，年可供水量为730万 m^3。2011年前后，该水源地日供水量为5 000~6 500 m^3/d，年供水量为183万~237万 m^3，供水对象包括红寺堡城区和周边农村人饮。

2）盐池县骆驼井水源地

骆驼井水源地是盐池县城区及县城周边村镇饮用水备用水源，位于盐池县城以北20 km处、毛乌素沙地南缘，东西长16 km、南北宽8 km。现有机井26眼，能够正常运行的有22眼，单井深度在130 m左右。水源地原水经加压泵站输送至杨寨子水厂蓄水池，水流借助重力自流输入县城供水管网。骆驼井水源地满足人饮要求的可供水量为226万 m^3。

5.1.1.2 陕西省

1. 地表水供水工程

陕西省受水区地表水工程主要有延安引黄工程、盐环定扬水工程陕西专用工程（详见3.3节）、王瑶水库、马家沟水库等，县镇乡村的城乡供水主要是以水库和一些淤地坝及塘坝为主体构成的蓄水工程。

1）王瑶水库

王瑶水库位于延安市安塞区延河一级支流杏子河中游，距离延安市56 km，控制流域面积820 km^2，总库容2.03亿 m^3，原设计是一座以防洪为主，兼有供水、灌溉、发电等综合效益的Ⅱ等大(2)型水利枢纽。由于延安市水资源紧缺，1997年开始主要承担向延安市北关水厂供水任务，设计日供水量5万 m^3/d，是延安城区主要的供水水源。

2）马家沟水库

马家沟水库2010年4月开工建设，2011年底建成并投用。水库位于延河一级支流马家沟流域内，距离安塞城区4.5 km，是以城区供水为主，兼有防洪、拦沙功能的小(1)型水利工程。马家沟水库枢纽由大坝、放水隧洞、溢洪道、输水管线等四部分组成，与王窑水库和徐家沟应急引水工程联合调度，城区年调节供水能力达307万 m^3，现状供水规模155万 m^3。

2. 地下水供水工程

吴起县城供水全部采用地下水供给，原有供水厂2座，小型供水站1处，县城后备水源1处，水源井15眼，实际日供水能力为6 000 m^3/d。2014年实施了薛岔水源地供水工程，新建水源井21眼，设计供水能力为8 000~12 000 m^3/d。

志丹县供水以地下水供水工程为主，主要是机井、土井和小高抽，分深水井和浅水井。全县共有各类水井4 406眼，县城现有饮用水源井2016年供水量290万 m^3。

定边县内有机井23 265眼，配套机电井17 447眼，主要用于乡镇生活供水和农业灌溉。地下水水源地有3个，即马莲滩水源地、衣食梁水源地和周台子水源地。马莲滩水源地现有水源井20眼，可开采量为292万 m^3/a，主要用于县城居民的生活饮用水；衣食梁水源地现有水源井8眼，设计开采水源井17眼，设计开采量182.5万 m^3/a；周台子水源地位于周台子农业示范园区内，现有水源井51眼，设计开采量220万 m^3/a，主要解决农业示范园灌溉用水。

靖边县城乡用水主要利用地下水，目前有机井4 173眼，配套机电井3 067眼。靖边县城镇生活供水有2处水源：城北郭家庙和西柏树一带、河东李家梁一带，水源地最大日产水量为 2.71 万 m³/d。

　　3. 集雨工程

　　吴起县、定边县和靖边县供水条件较差的地区"集雨"工程承担部分供水生活和灌溉供水任务。

　　定边县水务局自 2007 年在白于山区完成饮水安全工程 243 处,其中集中供水工程 15 处,分散供水工程 228 处;建设水窖 35 893 眼,硬化集雨场 358.93 万 m³。现状雨水工程供水能力 141.57 万 m³。

5.1.1.3　甘肃省

　　庆阳市受水区主要以地表水供水为主,主要供水工程为盐环定扬水甘肃专用工程外调水工程,民勤县主要为地下水供水及景电二期,蓄水工程为大量修建的小水库、水窖和塘坝。

　　庆阳市地表水工程主要是蓄水工程,以小水库为主。其中,环县现状地表水供水工程主要有樊家川水库、姬家河水库、庙儿沟水库、乔儿沟水库、唐台子水库、米岔沟水库;华池县现状地表水供水工程主要有太阳坡水库、土门沟水库、鸭子嘴水库、芊嘴沟水库、东沟水库、鸭儿洼水库。庆城县现状地表水供水工程主要有解放沟水库、雷旗水库、刘巴沟水库、冉河川水库;合水县现状地表水供水工程主要有孔家沟水库、王家河水库、香水水库、新村水库。

　　民勤县景电工程是一项跨省(区)、高扬程、多梯级、大流量的大型电力提水灌溉供水工程。工程分为一期、二期和二期延伸工程。其中,一期和二期向甘肃景泰县和古浪县供水,多年平均供水量 4.05 亿 m³;二期延伸工程利用景电二期工程的灌溉间隙和空闲容量向甘肃民勤县调水,为缓解民勤水资源枯竭、生态环境恶化趋势的应急供水工程。

5.1.1.4　内蒙古自治区

　　内蒙古自治区受水区供水对象主要是阿拉善左旗、鄂托克旗和鄂托克前旗境内规划的大柳树灌区以及上海庙工业园区。目前,已开发灌区面积在阿拉善左旗李井滩扬水灌区,设计灌溉面积 17.2 万亩,设计多年平均提水流量为 5 m³/s,加大流量为 6 m³/s,输水干渠全长 43.51 km,净扬程 208 m,总扬程 238 m,2016 年取水量 0.521 亿 m³。上海庙工业园区由宁东供水工程供水,年供水量 4 100 万 m³。

5.1.2　供水量

5.1.2.1　现状年供水量

　　据统计,现状年 2016 年宁夏吴忠市、银川市、中卫市、石嘴山市、固原市,陕西榆林市、延安市,甘肃庆阳市、民勤县,内蒙古阿拉善盟、鄂尔多斯市等 11 市 29 县(区)各水源总供水量约为 73.6 亿 m³,其中地表水供水量约为 61.8 亿 m³,占总供水量的 84%;地下水供水量约为 11.2 亿 m³,占总供水量的 15%;其他水源供水量约为 0.7 亿 m³,占总供水量的 1%。

　　现状年地表水供水量中,蓄水工程供水量约为 2.5 亿 m³,占 4.1%;引水工程供水量约为 43.2 亿 m³,占 70.0%;提水工程供水量约为 15.0 亿 m³,占 24.2%;流域外调水水工程供水量约为 1.0 亿 m³,占 1.7%。

　　现状年受水区不同水源供水量统计见表 5-1,现状年各水源供水结构见图 5-1。

表 5-1 现状年受水区不同水源供水量统计

（单位：万 m³）

省(区)	市级行政区	县级行政区	地表水供水量					地下水供水量	其他水源供水量				合计
			蓄水	引水	提水	调水	小计		再生水	雨水	微咸水	其他水源	
宁夏	吴忠市	利通区	215	42 257	3 544	0	46 016	3 738	105	0	0	105	49 859
		红寺堡区	103	0	20 772	0	20 875	481	0	0	0	0	21 356
		盐池县	623	0	5 421	0	6 044	1 871	0	0	0	0	7 915
		同心县	126	0	24 263	0	24 389	655	0	0	0	0	25 044
		青铜峡市	0	63 760	2 165	0	65 925	2 188	71	0	0	71	68 184
		小计	1 067	106 017	56 165	0	163 249	8 933	176	0	0	176	172 358
	银川市	银川市区	0	47 421	6 665	0	54 086	13 944	725	0	0	725	68 755
		永宁县	0	40 031	0	0	40 031	2 173	106	0	0	106	42 310
		贺兰县	0	46 999	100	0	47 099	2 527	0	0	0	0	49 626
		灵武市	126	35 817	19 579	0	55 522	1 847	241	0	0	241	57 610
		小计	126	170 268	26 344	0	196 738	20 491	1 072	0	0	1 072	218 301
	中卫市	沙坡头区	76	41 307	3 326	0	44 709	2 497	410	0	0	410	47 616
		中宁县	3	38 724	31 332	0	70 059	1 611	0	0	0	0	71 670
		海原县	470	0	8 290	0	8 760	2 717	0	0	0	0	11 477
		小计	549	80 031	42 948	0	123 528	6 825	410	0	0	410	130 763
	石嘴山市	平罗县	92	63 446	6 010	0	69 548	2 484	67	0	0	67	72 099
		大武口区	360	6 657	0	0	7 017	4 560	190	0	0	190	11 767
		小计	452	70 103	6 010	0	76 565	7 044	257	0	0	257	83 866
	固原市	原州区	2 210	406	1 088	0	3 704	2 457	90	0	0	90	6 251
		合计	4 404	426 825	132 555	0	563 784	45 750	2 005	0	0	2 005	611 539

续表 5-1

省（区）	市级行政区	县级行政区	地表水供水量					地下水供水量	其他水源供水量				合计
			蓄水	引水	提水	调水	小计		再生水	雨水	微咸水	其他水源	
陕西	榆林	定边县	0	397	0	0	397	4 587	0	66	0	66	5 050
		靖边县	284	510	525	0	1 319	7 390	0	10	770	780	9 489
		小计	284	907	525	0	1 716	11 977	0	76	770	846	14 539
	延安	宝塔区	1 794	904	1 025	0	3 723	812	381	0	0	381	4 916
		安塞区	240	134	429	0	803	561	187	16	0	203	1 567
		吴起县	55	35	240	0	330	1 520	0	0	0	0	1 850
		志丹县	0	0	52	0	52	2 542	0	3	0	3	2 597
		小计	2 089	1 073	1 746	0	4 908	5 435	568	19	0	587	10 930
	合计		2 373	1 980	2 271	0	6 624	17 412	568	95	770	1 433	25 469
甘肃	庆阳	庆城县	388	610	1 384	0	2 382	542	0	447	0	447	3 371
		环县	109	565	429	350	1 453	454	0	1 708	0	1 708	3 615
		华池县	353	656	1 306	0	2 315	546	0	84	0	84	2 945
		合水县	231	495	872	0	1 598	387	0	112	0	112	2 097
		小计	1 081	2 326	3 991	350	7 748	1 929	0	2 351	0	2 351	12 028
		民勤县	17 012	463	0	10 013	27 488	9 420	0	0	0	0	36 908
	合计		18 093	2 789	3 991	10 363	35 236	11 349	0	2 351	0	2 351	48 936
内蒙古	阿拉善盟	阿拉善左旗	0	810	3 436	0	4 246	4 515	0	0	0	0	8 761
	鄂尔多斯市	鄂托克旗	450	0	5 368	0	5 818	14 014	867	0	0	867	20 769
		鄂托克前旗	0	0	2 076	0	2 076	18 820	66	0	0	66	20 962
		小计	450	0	7 444	0	7 894	32 834	933	0	0	933	41 661
	合计		450	810	10 880	0	12 140	37 349	933	0	0	933	50 422
总计			25 320	432 404	149 697	10 363	617 784	111 860	3 506	2 446	770	6 722	736 366

1. 宁夏回族自治区

据统计,现状年宁夏回族自治区受水区内的吴忠市、银川市、中卫市、石嘴山市、固原市原州区等 5 市 15 县(区)总供水量约为 61.2 亿 m³。其中地表水供水量约为 56.4 亿 m³,占总供水量的 92.2%;地下水供水量约为 4.6 亿 m³,占总供水量的 7.5%;其他水源供水量约为 0.2 亿 m³,占总供水量的 0.3%。地表水供水量中,引水工程为主要供水工程,供水量约为 42.7 亿 m³,占地表水供水量的 75.7%。

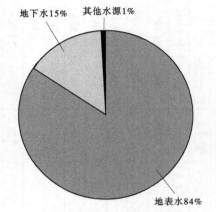

图 5-1　现状年各水源供水结构

吴忠市,现状年总供水量约为 17.2 亿 m³。地表水为主要的供水水源,供水量约为 16.3 亿 m³,占总供水量的 94.7%;地下水供水量约为 0.9 亿 m³,占总供水量的 5.2%;其他水源供水量为 176 万 m³,占总供水量的 0.1%。地表水供水量中,引、提水工程供水量相对较大,供水量分别约为 10.6 亿 m³ 和 5.6 亿 m³,分别占地表水供水量的 64.9% 和 34.4%。

银川市,现状年总供水量约为 21.8 亿 m³,地表水为主要供水水源,供水量约为 19.7 亿 m³,占总供水量的 90.1%;地下水供水量约为 2.0 亿 m³,占总供水量的 9.4%;其他水源供水量约为 0.1 亿 m³,占总供水量的 0.5%。地表水供水量中,引水工程供水量最大,为 17.0 亿 m³,占地表水供水量的 86.3%。

中卫市,现状年总供水量约为 13.1 亿 m³。地表水为主要供水水源,供水量约为 12.4 亿 m³,占总供水量的 94.7%;地下水供水量约为 0.7 亿 m³,占总供水量的 5.3%;其他水源供水量 410 万 m³,占总供水量的 0.3%。地表水供水量中,引、提水工程供水量相对较大,分别约为 8.0 亿 m³ 和 4.3 亿 m³,分别占地表水供水量的 64.5% 和 34.7%。

石嘴山市,现状年总供水量约为 8.4 亿 m³。地表水为主要供水水源,供水量约为 7.7 亿 m³,占总供水量的 91.3%;地下水供水量约为 0.7 亿 m³,占总供水量的 8.4%;其他水源供水量 257 万 m³,占总供水量的 0.3%。地表水供水量中,引水工程供水量最大,约为 7.0 亿 m³,占地表水供水量的 91.2%。

固原市原州区,现状年总供水量约为 0.63 亿 m³。地表水为主要供水水源,供水量约为 0.37 亿 m³,占总供水量的 59.3%;地下水供水量约为 0.25 亿 m³,占总供水量的 39.3%;其他水源供水量 90 万 m³,占总供水量的 1.4%。地表水供水量中,蓄水工程供水量最大,供水量 0.22 亿 m³,占地表水供水量的 59.7%。

2. 陕西省

现状年,陕西省榆林市定边县、靖边县和延安市宝塔区、安塞区、吴起县、志丹县,总供水量约为 2.5 亿 m³。其中地表水供水量约为 0.66 亿 m³,占总供水量的 26.4%;地下水为榆林市和延安市等 6 县(区)主要供水水源,供水量约为 1.7 亿 m³,占总供水量的 68.0%;其他水源供水量约为 0.14 亿 m³,占总供水量的 5.6%。

榆林市的两县,现状年总供水量约为 1.5 亿 m³,地下水为主要供水水源,供水量约为

1.20 亿 m³,占总供水量的 82.4%;地表水供水量约为 0.17 亿 m³,占总供水量的 11.8%;其他水源供水量 846 万 m³,占总供水量的 5.8%。地表水供水量中,引水工程供水量最大,现状年供水量 907 万 m³,占地表水供水量的 52.9%。

延安市的宝塔区、安塞区、吴起县、志丹县,现状年总供水量约为 1.1 亿 m³。其中,地表水供水量约为 0.49 亿 m³,占总供水量的 44.5%;地下水供水量约为 0.54 亿 m³,占总供水量的 49.1%;其他水源供水量约为 0.06 亿 m³,占总供水量的 5.45%。地表水供水量中,蓄水工程供水量最大,供水量约为 0.21 亿 m³,占地表水供水量的 42.9%。

3. 甘肃省

甘肃省庆阳市的庆城县、环县、华池县、合水县和石羊河流域的民勤县,现状年总供水量约为 4.9 亿 m³。其中地表水为主要供水水源,供水量约为 3.5 亿 m³,占总供水量的 71.4%;地下水供水量约为 1.1 亿 m³,占总供水量的 22.4%;其他水源供水量约为 0.24 亿 m³,占总供水量的 4.9%。在地表水供水量中,蓄水工程供水量最大,约为 1.8 亿 m³,占比 51.4%。

庆阳市四县,现状年总供水量约为 1.2 亿 m³,地表水为主要供水水源,供水量约为 0.77 亿 m³,占总供水量的 64.42%;地下水供水量约为 0.19 亿 m³,占总供水量的 16.0%;其他水源供水量约为 0.24 亿 m³,占总供水量的 20%。地表水供水量中,提水工程供水量占比较大,供水量约为 0.40 亿 m³,占地表水供水量的 51.5%。

民勤县现状年总供水量约为 3.7 亿 m³,地表水供水量约为 2.7 亿 m³,占总供水量 74.5%;地下水供水量约为 0.9 亿 m³,占总供水量的 25.5%。地表水供水工程供水量中,蓄水工程供水量占比较大,供水量约为 1.7 亿 m³,占地表水供水量的 61.9%。

4. 内蒙古自治区

内蒙古自治区阿拉善盟阿拉善左旗、鄂尔多斯市鄂托克旗及鄂托克前旗,现状年总供水量约为 5.0 亿 m³。地下水为主要供水水源,供水量 3.7 亿 m³,占总供水量的 74.1%;地表水供水量约为 1.2 亿 m³,占总供水量的 24.1%;其他水源供水量 933 万 m³,占总供水量的 1.9%。在地表水供水量中,提水工程供水量最大,约为 1.09 亿 m³,占地表水供水量的 89.6%。

阿拉善盟阿拉善左旗,现状年总供水量为 8 761 万 m³。地下水供水量 4 515 万 m³,占总供水量的 51.5%;地表水供水量 4 246 万 m³,占总供水量的 48.5%。地表水供水量中,提水工程供水量最大,供水量的 3 436 万 m³,占地表水供水量的 80.9%,无蓄水和调水工程供水。

鄂尔多斯市鄂托克旗和鄂托克前旗,现状年总供水量约为 4.2 亿 m³。地下水为主要供水水源,供水量约为 3.3 亿 m³,占总供水量的 78.8%;地表水供水量约为 0.8 亿 m³,占总供水量的 18.9%;其他水源供水量约为 0.09 亿 m³,占总供水量的 2.2%。地表水供水量中,提水工程为主要供水水源,供水量约为 0.74 亿 m³,占地表水供水量的 94.3%。

5.1.2.2 历年供水量变化情况

据统计,2010~2016 年,受水区供水量变化趋势为波动减少,由 2010 年的约 81.5 亿 m³ 减少到 2016 年的约 73.6 亿 m³,减少了 9.6%。一方面,2012 年国务院发布了关于最严格水资源管理制度的意见,各省(区)供、用水量严格按照用水总量指标进行控制;另一方面,随着科学技术的进步和全民节水意识的增强,用水效率进一步提高。

供水结构方面,地表水供水量从 2010 年的约 70.0 亿 m³ 下降到 2016 年的约 61.8 亿 m³,减少了 11.7%,占比从 85.9% 下降到 83.9%;地表水供水量主要来自引水工程,近 7 年引水工程引水量下降幅度较大,从 2010 年的约 56.2 亿 m³ 下降到 2016 年的约 43.2 亿 m³,下降了 23.1%;地下水供水量基本维持在 11.3 亿 m³ 左右。其他水源供水量大幅增长,从 2010 年的约 0.15 亿 m³ 增长到 2016 年的约 0.67 亿 m³,占比从 0.2% 上升到 0.9%,但占比仍然偏低。近 7 年供水量及变化情况见表 5-2。

表 5-2　2010~2016 年各水源供水量统计　　　　　（单位:万 m³）

年份	地表水					地下水	其他水源	合计
	蓄水	引水	提水	调水	小计			
2010	23 502	562 458	109 677	4 213	699 850	113 397	1 497	814 744
2011	23 242	558 065	117 976	8 496	707 779	115 678	1 496	824 953
2012	24 460	508 677	117 111	7 985	658 233	115 236	2 847	776 316
2013	23 804	520 342	130 320	9 028	683 494	110 813	2 932	797 239
2014	24 318	503 536	130 102	8 775	666 731	113 420	3 958	784 109
2015	24 855	504 467	130 792	8 426	668 540	111 861	4 861	785 262
2016	25 321	432 405	149 698	10 363	617 787	111 859	6 721	736 367

1. 宁夏区

据统计,2010~2016 年宁夏受水区供水量从约 68.8 亿 m³ 减少到约 61.2 亿 m³,减少了 11.1%。地表水供水量中,引水工程供水量显著下降,从约 54.5 亿 m³ 减少到约 42.7 亿 m³,减少了 21.7%;提水工程供水量显著增长,从约 9.1 亿 m³ 增加到约 13.3 亿 m³,增长幅度达 46.2%。地下水供水量从约 4.84 亿 m³ 减少到约 4.58 亿 m³,减少了 5.4%。宁夏受水区近 7 年供水量及变化情况见表 5-3。

表 5-3　2010~2016 年宁夏各水源供水量统计　　　　　（单位:万 m³）

年份	地表水					地下水	其他水源	合计
	蓄水	引水	提水	调水	小计			
2010	3 443	545 445	90 953	0	639 841	48 368	0	688 209
2011	3 528	545 109	100 618	0	649 255	49 162	0	698 417
2012	3 416	499 926	99 289	0	602 631	49 139	1 292	653 062
2013	3 683	515 336	111 368	0	630 387	46 281	1 251	677 919
2014	3 998	499 041	110 314	0	613 353	46 674	1 459	661 486
2015	3 950	500 316	113 525	0	617 791	43 289	1 640	662 720
2016	4 404	426 825	132 555	0	563 784	45 750	2 005	611 539

2. 陕西省

陕西省受水区供水量近年来呈缓慢增长趋势,2010~2016 年从约 2.2 亿 m³ 增加到约 2.5 亿 m³,增加了 13.6%。从供水结构看,地表水供水量从约 0.57 亿 m³ 增加到约 0.66 亿 m³。地下水为主要水源,供水量基本维持在 1.7 亿 m³ 左右。其他水源供水量有所增长,从约 0.12 亿 m³ 增加到约 0.14 亿 m³,增加了 21.2%。陕西受水区 2010~2016 年供水量及变化情况见表5-4。

表 5-4 2010~2016 年陕西省各水源供水量统计 （单位:万 m³）

年份	地表水					地下水	其他水源	合计
	蓄水	引水	提水	调水	小计			
2010	1 869	1 819	2 033	0	5 721	15 489	1 182	22 392
2011	1 968	1 992	2 125	0	6 085	17 022	1 182	24 289
2012	2 118	1 405	2 290	0	5 813	16 373	1 248	23 434
2013	2 182	1 476	2 284	0	5 942	16 985	1 235	24 162
2014	2 289	1 810	2 365	0	6 464	17 462	1 317	25 243
2015	2 234	1 858	2 189	0	6 281	17 915	1 351	25 547
2016	2 373	1 980	2 271	0	6 624	17 412	1 433	25 469

3. 甘肃省

甘肃省受水区,2010~2016 年庆阳市总供水量维持在 0.9 亿~1.3 亿 m³,变化不大。地表水一直是庆阳市四县的主要供水水源,呈现减少趋势,供水量从 2010 年的约 1.1 亿 m³ 减少到 2016 年的约 0.8 亿 m³,占比下降 27.3%;地下水供水量近 7 年增加了约 406 万 m³,占比从 2010 年的 11.6% 增加到 2016 年的 16.0%。其他水源供水量,近年来逐步增长,从 2010 年的约 204 万 m³ 增加到 2016 年的约 2 350 万 m³。2010~2016 年庆阳市各水源供水量统计见表5-5。

表 5-5 2010~2016 年庆阳市各水源供水量统计 （单位:万 m³）

年份	地表水					地下水	其他水源	合计
	蓄水	引水	提水	调水	小计			
2010	471	6 835	4 099	0	11 405	1 522	204	13 131
2011	304	7 659	3 178	0	11 141	1 511	194	12 846
2012	299	4 020	3 164	0	7 483	1 396	187	9 066
2013	734	2 039	4 876	0	7 649	1 395	332	9 376
2014	1 714	1 260	4 929	0	7 903	2 009	299	10 211
2015	1 330	953	3 994	226	6 503	2 546	966	10 015
2016	1 081	2 327	3 991	350	7 749	1 928	2 350	12 027

石羊河流域民勤县,2010~2016年供水量较为稳定,供水结构变化不大。地表水为民勤县供水主要水源,多年平均供水量约2.7亿 m³,蓄水工程为主要地表水供水工程,基本在1.7亿 m³左右,占比62%。2010~2016年多年平均地下水供水量1.0亿 m³,占比27.7%。民勤县近年来供水量及变化情况见表5-6。

表5-6　2010~2016年民勤县各水源供水量统计　　　　　（单位:万 m³）

年份	地表水					地下水	其他水源	合计
	蓄水	引水	提水	调水	小计			
2010	17 181	7 480	0	4 213	28 874	10 906	0	39 780
2011	16 900	2 467	0	8 496	27 863	11 315	0	39 178
2012	18 091	2 499	0	7 985	28 575	11 065	0	39 640
2013	16 311	668	0	9 028	26 007	9 436	0	35 443
2014	16 035	587	0	8 775	25 397	9 989	0	35 386
2015	17 041	514	0	8 200	25 755	10 761	0	36 516
2016	17 012	463	0	10 013	27 488	9 420	0	36 908

4. 内蒙古自治区

内蒙古受水区内的阿拉善盟的阿拉善左旗、鄂尔多斯市的鄂托克旗,其中,鄂托克前旗2010~2016年供水量基本稳定在5.0亿 m³左右。从供水结构看,地下水是主要供水水源,供水量维持在3.7亿 m³左右。地表水供水量从1.4亿 m³减少到1.2亿 m³,占比从27.3%下降到24.1%。其他水源供水主要来自污水处理回用,供水量从111万 m³增加到933万 m³,占比从0.2%增长到4.8%。2010~2016年内蒙古受水区近年来供水量及变化情况见表5-7。

表5-7　2010~2016年内蒙古受水区各水源供水量统计　　　　　（单位:万 m³）

年份	地表水					地下水	其他水源	合计
	蓄水	引水	提水	调水	小计			
2010	538	879	12 592	0	14 009	37 112	111	51 232
2011	543	837	12 055	0	13 435	36 668	120	50 223
2012	536	828	12 369	0	13 733	37 263	120	51 116
2013	894	824	11 792	0	13 510	36 716	114	50 340
2014	282	837	12 494	0	13 614	37 285	883	51 781
2015	300	826	11 084	0	12 210	37 349	904	50 463
2016	450	810	10 881	0	12 141	37 350	933	50 424

5.1.3　用水量

5.1.3.1　现状用水量

据统计,2016 年宁夏、陕西、甘肃、内蒙古 4 省(区)的 11 市 29 县(区)总用水量约为 73.6 亿 m³,其中农田灌溉用水量约为 55.4 亿 m³,占总用水量的 75.3%;工业用水量约为 5.7 亿 m³,占比 7.7%;生态环境用水量约为 2.6 亿 m³,占比 3.5%;居民生活用水量约为 2.1 亿 m³,占比 2.8%。从用水结构看,生产用水量占总用水量的 92.5%,农业为第一用水大户,建筑业、第三产业占比较小。现状年受水区内各省(区)各行业用水量占比见图 5-2,各行业用水量详见表 5-8。

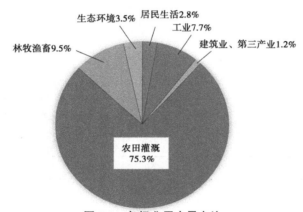

图 5-2　各行业用水量占比

表 5-8　2016 年各行业用水量统计　　　　　　　　　　(单位:万 m³)

省(区)	居民生活	工业	建筑业、第三产业	农田灌溉	林牧渔畜	生态环境	总用水量
宁夏	13 450	38 428	6 716	477 368	55 328	20 248	611 538
陕西	4 006	5 315	1 047	10 639	3 422	1 040	25 469
甘肃	2 264	5 313	797	34 544	3 137	2 880	48 935
内蒙古	795	7 803	225	31 947	8 051	1 602	50 423
合计	20 514	56 859	8 785	554 498	69 938	25 770	736 364

1. 宁夏回族自治区

据统计,宁夏吴忠市、银川市、中卫市、石嘴山市、固原市 5 市 16 县(区),现状年总用水量约为 61.2 亿 m³。其中,农田灌溉用水量约为 47.7 亿 m³,占总用水量的 78%;工业用水量约为 3.8 亿 m³,占比 6%;生态环境用水量约为 2.0 亿 m³,占比 4%;居民生活用水量约为 1.3 亿 m³,占比 2%。生产、生活(包括居民生活和建筑业、第三产业)、生态用水量比例为 93.4∶3.3∶3.3。各行业用水量占比见图 5-3,现状年各县(区)各行业用水量详见表 5-9。

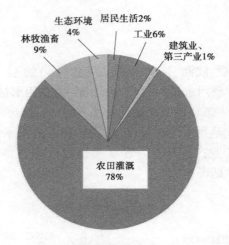

图 5-3　宁夏各行业用水结构

表 5-9　2016 年宁夏各行业用水量统计　　　　　　（单位:万 m³）

市级行政区	县级行政区	居民生活	工业	建筑业、第三产业	农田灌溉	林牧渔畜	生态环境	总用水量
吴忠市	利通区	1 269	1 588	508	42 703	2 547	1 244	49 859
	红寺堡区	289	868	69	18 318	1 794	18	21 356
	盐池县	218	62	100	6 060	855	620	7 915
	同心县东部	399	26	90	24 262	243	24	25 044
	青铜峡市	583	2 731	190	55 490	9 139	51	68 184
	小计	2 758	5 275	957	146 833	14 578	1 957	172 358
银川市	银川市区	5 150	6 927	3 538	38 465	7 298	7 377	68 755
	永宁县	473	1 205	229	35 492	4 412	499	42 310
	贺兰县	578	1 099	303	37 704	9 772	170	49 626
	灵武市	578	15 600	296	38 147	2 918	71	57 610
	小计	6 779	24 831	4 366	149 808	24 400	8 117	218 301
中卫市	沙坡头区	780	2 125	260	33 202	6 811	4 438	47 616
	中宁县	590	1 837	158	64 712	4 329	43	71 669
	海原县	467	119	102	10 363	398	27	11 476
	小计	1 837	4 081	520	108 277	11 538	4 508	130 761
石嘴山市	平罗县	552	1 429	183	63 497	3 356	3 082	72 099
	大武口区	926	2 415	450	4 348	1 085	2 544	11 768
	小计	1 478	3 844	633	67 845	4 441	5 626	83 867
固原市	原州区	598	397	240	4 605	371	40	6 251
合计		13 450	38 428	6 716	477 368	55 328	20 248	611 539

吴忠市,现状年总用水量约为 17.2 亿 m³。其中,农田灌溉用水量约为 14.7 亿 m³,占比 85.5%;工业用水量约为 0.53 亿 m³,占比 3.1%;居民生活用水量约为 0.28 亿 m³,占比 1.6%;生态环境用水量约为 0.20 亿 m³,占比 1.1%。生产、生活(包括居民生活和建筑业、第三产业)、生态用水比例为 96.7:2.2:1.1。

银川市,现状年总用水量约为 21.8 亿 m³。其中,农田灌溉用水量约为 15.0 亿 m³,占比 68.8%;工业用水量约为 2.5 亿 m³,占比 11.4%;生态环境用水量 8 117 万 m³,占比 3.7%;居民生活用水量约为 6 779 万 m³,占比 3.1%。生产、生活(包括居民生活和建筑业、第三产业)、生态用水量比例为 91.2:5.1:3.7。

中卫市,现状年总用水量约为 13.1 亿 m³。其中,农田灌溉用水量为 10.8 亿 m³,占比 82.4%;生态环境用水量为 4 508 万 m³,占比 3.4%;工业用水量为 4 081 万 m³,占比 3.1%;居民生活用水量为 1 837 万 m³,占比 1.4%。生产、生活(包括居民生活和建筑业、第三产业)、生态用水量比例为 94.7:1.8:3.4。

石嘴山市大武口区和平罗县,现状年总用水量约为 8.4 亿 m³。其中,农田灌溉用水量约为 6.8 亿 m³,占比 80.9%;生态环境用水量 5 626 万 m³,占比 6.7%;工业用水量 3 844 万 m³,占比 4.6%;居民生活用水量 1 478 万 m³,占比 1.8%。生产、生活(包括居民生活和建筑业、第三产业)、生态用水量比例为 90.8:2.5:6.7。

固原市原州区,现状年总用水量为 6 251 万 m³。其中,农田灌溉用水量 4 605 万 m³,占比 73.7%;居民生活用水量 598 万 m³,占比 9.6%;工业用水量 397 万 m³,占比 6.4%;生态环境用水量 40 万 m³,占比 0.6%。生产、生活(包括居民生活和建筑业、第三产业)、生态用水量比例为 86.0:13.4:0.6。

2. 陕西省

现状年陕西省榆林市的定边县、靖边县,延安市宝塔区、安塞区、吴起县、志丹县,总用水量为 2.5 亿 m³。其中农田灌溉用水量 1.1 亿 m³,占比 41.8%;工业用水量 5 315 万 m³,占比 20.9%;居民生活用水量 4 006 万 m³,占比 15.7%;生态环境用水量 1 040 万 m³,占比为 4.1%。生产、生活(包括居民生活和建筑业、第三产业)、生态环境用水量比例为 76.1:19.8:4.1。各行业用水量占比见图 5-4,现状年陕西省各县(区)各行业用水量详见表 5-10。

榆林市的定边县、靖边县,现状年总用水量约为 1.5 亿 m³。其中,农田灌溉用水量约为 0.88 亿 m³,占比 60.5%;居民生活用水量约为 0.17 亿 m³,占比 11.6%;工业用水量约为 0.13 亿 m³,占比 8.8%;生态环境用水量约为 0.07 亿 m³,占比 4.7%。生产、生活(包括居民生活和建筑业、第三产业)、生态用水量比例为 82.0:13.3:4.7。

延安市宝塔区、安塞区、吴起县、志丹县,现状年总用水量约为 1.1 亿 m³。其中,工业用水量约为 0.40 亿 m³,占比 36.9%;居民生活用水量约为 0.23 亿 m³,占比 21.3%;农田灌溉用水量约为 0.18 亿 m³,占比 16.8%;生态环境用水量约为 0.035 亿 m³,占比 4.2%。生产、生活(包括居民生活和建筑业、第三产业)、生态环境用水量比例为 68.2:28.6:4.2。

3. 甘肃省

庆阳市的庆城县、华池县、合水县、环县和民勤县,现状年总用水量约为 4.9 亿 m³。其中农田灌溉用水量约为 3.5 亿 m³,占比 70.6%;工业用水量约为 0.53 亿 m³,占比 10.9%;生态环境用水量约为 0.29 亿 m³,占比 5.9%;居民生活用水量约为 0.23 亿 m³,占比 4.6%。生产、生活(包括居民生活和建筑业、第三产业)、生态环境用水量比例为 87.9：6.3：5.9。各行业用水量占比见图 5-5,现状年甘肃省各行业用水量详见表 5-11。

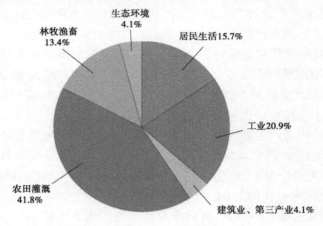

图 5-4　陕西各行业用水结构

表 5-10　2016 年陕西省各行业用水量统计　　　　　　(单位:万 m³)

市级行政区	县级行政区	居民生活	工业	建筑业、第三产业	农田灌溉	林牧渔畜	生态环境	总用水量
榆林	定边县	776	445	89	3 166	260	314	5 050
	靖边县	905	840	160	5 636	1 573	375	9 489
	小计	1 681	1 285	249	8 802	1 833	689	14 539
延安	宝塔区	1 274	1 817	469	525	559	272	4 916
	安塞区	375	520	95	327	241	9	1 567
	吴起县	355	700	130	305	310	50	1 850
	志丹县	321	993	104	680	479	20	2 597
	小计	2 325	4 030	798	1 837	1 589	351	10 930
合计		4 006	5 315	1 047	10 639	3 422	1 040	25 469

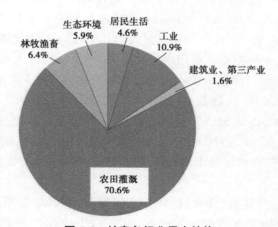

图 5-5　甘肃各行业用水结构

表 5-11　2016 年甘肃省各行业用水量统计 （单位：万 m³）

市级行政区	县级行政区	居民生活	工业	建筑业、第三产业	农田灌溉	林牧渔畜	生态环境	总用水量
庆阳	庆城县	498	1 321	214	1 145	192	1	3 371
	环县	546	834	203	1 536	496	1	3 615
	华池县	253	1 044	132	1 318	196	1	2 944
	合水县	288	568	81	981	177	2	2 097
	小计	1 585	3 767	630	4 980	1 061	5	12 028
民勤县		679	1 547	167	29 564	2 076	2 875	36 908
合计		2 264	5 314	797	34 544	3 137	2 880	48 935

庆阳市的四县，现状年总用水量约为 1.2 亿 m³。其中，农田灌溉用水量约为 0.50 亿 m³，占比 41.4%；工业用水量约为 0.38 亿 m³，占比 31.3%；居民生活用水量 0.16 亿 m³，占比 14.2%；生态环境用水量仅为 5 万 m³，占比 0.04%。生产、生活（包括居民生活和建筑业、第三产业）用水量比例为 81.5∶18.4。

民勤县，现状年总用水量约为 3.7 亿 m³。其中，农田灌溉用水量约为 3.0 亿 m³，占比 80.1%；生态环境用水量约为 0.3 亿 m³，占比 7.8%；工业用水量约为 0.15 亿 m³，占比 4.2%；居民生活用水量约为 0.07 亿 m³，占比 1.8%。生产、生活（包括居民生活和建筑业、第三产业）、生态环境用水量比例为 89.9∶2.3∶7.8。

4. 内蒙古自治区

阿拉善盟阿拉善左旗，鄂尔多斯市鄂托克旗、鄂托克前旗，现状年总用水量约为 5.0 亿 m³，其中阿拉善左旗用水量约为 0.88 亿 m³，鄂尔多斯市 2 旗用水量约为 4.2 亿 m³。在总用水量中，农田灌溉用水量约为 2.7 亿 m³，占比 63.4%；工业用水量约为 0.78 亿 m³，占比 15.5%，主要是鄂托克旗上海庙能源化工基地生产用水；生态环境用水量约为 0.16 亿 m³，占比为 3.2%；居民生活用水量约为 0.08 亿 m³，占比 1.6%。生产、生活（包括居民生活和建筑业、第三产业）、生态环境用水量比例为 94.8∶2.0∶4.2。各行业用水量占比见图 5-6，现状年内蒙古自治区各行业用水量详见表 5-12。

5.1.3.2　历年用水量变化情况

2010～2016 年，受水区总用水量呈波动下降的态势，从 81.5 亿 m³ 左右下降到 73.6 亿 m³ 左右，下降了 9.7%。其中，农业用水量呈波动下降趋势，从 2010 年的 72.2 亿 m³ 左右减少到 2016 年的 62.6 亿 m³ 左右，减少了 13.3%，占比从 88.6% 下降到 85.0%。工业、生态环境、居民生活、建筑业和第三产业用水量均呈上升趋势。工业用水量呈波动上涨的趋势，从 2010 年的约 5.3 亿 m³ 增长到 2016 年的约 5.7 亿 m³。生态环境用水量从 2010 年的约 2.0 亿 m³ 增加到 2016 年的约 2.5 亿 m³，增加了 26.9%。居民生活用水量从 2010 年的约 1.5 亿 m³ 增加到 2016 年的约 2.0 亿 m³，增长了 33.3%。随着经济社会发展，建筑业、第三产业用水量持续增加，从 2010 年的约 0.49 亿 m³ 增长到约 0.84 亿 m³，增长了 71.4%。

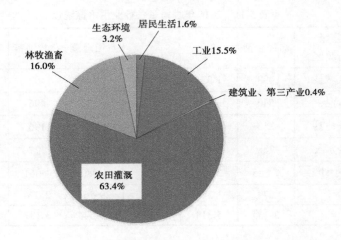

图 5-6　内蒙古各行业用水结构

表 5-12　2016 年内蒙古各行业用水量统计　　　　　（单位：万 m³）

市级 行政区	县级 行政区	居民生活	工业	建筑业、 第三产业	农田灌溉	林牧渔畜	生态环境	总用水量
阿拉善盟	阿拉善左旗	143	3 324	74	4 493	173	554	8 761
鄂尔 多斯市	鄂托克旗	417	4 175	71	12 774	2 416	846	20 699
	鄂托克前旗	234	304	80	14 680	5 462	202	20 962
	小计	651	4 479	151	27 454	7 878	1 048	41 661
合计		794	7 803	225	31 947	8 051	1 602	50 422

2010~2016 年受水区用水量变化情况见表 5-13。

表 5-13　2010~2016 年受水区用水量变化情况　　　　　（单位：万 m³）

年份	居民生活	工业	建筑业、 第三产业	农业	生态环境	总用水量
2010	15 488	52 870	4 867	721 897	19 622	814 744
2011	15 825	59 890	5 224	728 611	15 404	824 954
2012	15 326	61 001	5 988	673 229	20 774	776 318
2013	15 866	62 242	6 433	689 127	23 571	797 239
2014	17 361	62 981	6 474	671 429	25 863	784 108
2015	17 932	55 674	6 901	679 114	25 641	785 262
2016	20 064	56 859	8 408	626 132	24 902	736 365

1. 宁夏回族自治区

1）吴忠市

2010~2016 年，吴忠市总用水量从约 19.7 亿 m³ 降到约 17.2 亿 m³。随着产业结构和农业种植结构调整及农业节水技术的不断实施，农业用水量减少了约 2.4 亿 m³，占比从 94.6% 下降到 93.8%；工业用水量从 0.78 亿 m³ 减少到 0.53 亿 m³，减少了 32.5%；随着经济社会发展和人民生活水平的不断提高，居民生活、建筑业和第三产业、生态环境用水量呈增加趋势。2010~2016 年吴忠市用水量变化情况详见表 5-14。

表 5-14 2010~2016 年吴忠市用水量变化情况   （单位：万 m³）

年份	居民生活	工业	建筑业、第三产业	农业	生态环境	总用水量
2010	1 863	7 841	329	186 030	687	196 750
2011	1 800	8 352	385	191 852	90	202 479
2012	1 788	8 030	379	175 019	1 730	186 946
2013	1 964	8 072	408	180 695	2 009	193 148
2014	2 029	7 942	449	180 880	1 430	192 730
2015	2 010	5 630	480	180 210	2 100	190 430
2016	2 758	5 275	957	161 711	1 657	172 358

2）银川市

银川市 2010~2016 年总用水量呈下降趋势，从约 24.1 亿 m³ 下降到约 21.8 亿 m³，下降了 9.5%。农业用水在总用水量中占比最大，农业用水的减少导致总用水量下降，农业用水量从 2010 年的约 21.4 亿 m³ 下降到 2016 年的约 17.4 亿 m³，下降了 18.7%，占比从 88.8% 下降到 79.8%，农业用水量的减少与种植结构的调整和农业节水技术的实施有关。得益于近年来西部大开发政策，工业发展较快，工业用水量大幅增加，用水量从约 1.4 亿 m³ 增加到约 2.5 亿 m³，增加了 78.6%，占比从 6.0% 增长到 11.4%。生态环境用水量先增加后减少，在 2013 年达到峰值约 1.1 亿 m³ 后减少到约 0.8 亿 m³，占比从 2010 年 2.1% 增加到 2016 年 3.7%。2010~2016 年银川市用水量变化情况详见表 5-15。

表 5-15 2010~2016 年银川市用水量变化   （单位：万 m³）

年份	居民生活	工业	建筑业、第三产业	农业	生态环境	总用水量
2010	5 209	14 436	2 236	214 330	5 155	241 366
2011	5 496	18 835	2 453	216 200	5 892	248 876
2012	4 954	21 886	3 162	204 312	6 990	241 304
2013	5 021	23 078	3 219	202 591	11 120	245 029
2014	5 337	24 392	3 463	193 596	10 324	237 112
2015	5 708	23 429	3 747	199 127	10 629	242 640
2016	6 779	24 831	4 366	174 208	8 117	218 301

3)中卫市

中卫市,总用水量从 2010 年的约 15.1 亿 m³ 减少到 2016 年的约 13.1 亿 m³,受产业结构和农业种植结构调整、科学技术水平的提高和节水力度加大影响,农业和工业用水量减少。农业用水量减少了 14.3%,占比从 92.6% 下降到 91.6%;居民生活、生态环境、建筑业和第三产业用水量不断增加,居民生活用水量从约 0.14 亿 m³ 增加到约 0.18 亿 m³,增加了 27.7%,占比从 1.0% 上升到 1.4%;生态环境用水量从约 0.43 亿 m³ 增加到约 0.45 亿 m³,占比从 0.9% 增加到 1.4%。2010~2016 年中卫市用水量变化情况详见表 5-16。

表 5-16　2010~2016 年中卫市用水量变化　　　　（单位:万 m³）

年份	居民生活	工业	建筑业、第三产业	农业	生态环境	总用水量
2010	1 438	5 150	282	139 772	4 336	150 978
2011	1 399	5 043	243	140 194	427	147 306
2012	1 494	5 820	271	125 449	2 197	135 231
2013	1 594	5 145	320	130 672	3 449	141 180
2014	1 646	4 189	339	119 109	7 205	132 488
2015	1 750	3 790	400	120 440	3 210	129 590
2016	1 837	4 081	520	119 815	4 508	130 761

4)石嘴山市

石嘴山市平罗县和大武口区,总用水量从 2010 年的 9.5 亿 m³ 下降到 2016 年的约 8.4 亿 m³,用水量减少主要在于占比最高的农业用水量从约 8.5 亿 m³ 减少到约 7.2 亿 m³,减少了 15.3%,占比从 89.7% 下降到 86.2%;随着人口增加和人民生活水平的提高、社会经济的发展,生活用水量增加了 39.8%,占比从 1.1% 提升到 1.8%;生态环境用水量显著增加,从约 0.39 亿 m³ 增加到约 0.56 亿 m³,增加了 1.4 倍,占比从 4.1% 大幅增加到 6.7%。2010~2016 年石嘴山市用水量变化情况详见表 5-17。

表 5-17　2010~2016 年石嘴山市用水量变化　　　　（单位:万 m³）

年份	居民生活	工业	建筑业、第三产业	农业	生态环境	总用水量
2010	1 057	5 051	329	84 659	3 904	95 000
2011	1 076	5 402	386	84 989	3 331	95 184
2012	1 008	5 298	334	74 087	3 685	84 412
2013	1 014	5 238	354	83 664	3 590	93 860
2014	1 252	5 251	454	82 518	4 238	93 713
2015	1 290	3 640	460	82 490	6 220	94 100
2016	1 478	3 844	633	72 286	5 626	83 867

5）固原市

固原市原州区,2010~2016 年总用水量增加了约 0.21 亿 m³。随着城市发展所有用水部门用水量均增加,农业、生态环境、建筑业和第三产业用水量占比增长,但居民生活和工业用水量占比下降。其中,农业增加了 0.5%。生态环境用水量占比增加了 2.3%。生活用水量占比减少了 2.1%。2010~2016 年固原市用水量变化情况详见表 5-18。

表 5-18　2010~2016 年固原市用水量变化　　　（单位:万 m³）

年份	居民生活	工业	建筑业、第三产业	农业	生态环境	总用水量
2010	483	296	63	3 257	16	4 115
2011	567	293	59	3 634	19	4 572
2012	558	549	151	3 891	20	5 169
2013	512	409	149	3 612	20	4 702
2014	572	244	191	4 406	30	5 443
2015	600	460	180	4 690	30	5 960
2016	598	397	240	4 976	40	6 251

2. 陕西省

1）榆林市

榆林市定边县、靖边县,2010~2016 年总用水量呈上升趋势,从约 1.2 亿 m³ 增加到约 1.5 亿 m³,用水主要增长在农业、生活。其中,农业用水量从约 1.0 亿 m³ 增加到约 1.2 亿 m³,占比从 82.6% 下降到 79.2%;居民生活用水量从 847 万 m³ 增加到 1 431 万 m³,占比从 7.0% 增加到 9.8%;工业用水量经历高增长后又减少,占比从 8.6% 增加到 8.8%;生态环境用水量较少,2010 年仅 20 万 m³,2016 年增加到 90 万 m³;建筑业和第三产业用水量较为稳定,占比为 1.6% 左右。2010~2016 年榆林市用水量变化情况详见表 5-19。

表 5-19　2010~2016 年榆林市用水量变化　　　（单位:万 m³）

年份	居民生活	工业	建筑业、第三产业	农业	生态环境	总用水量
2010	847	1 038	194	9 995	20	12 094
2011	905	1 467	229	10 460	26	13 087
2012	918	1 497	224	10 303	29	12 971
2013	941	1 558	230	10 435	33	13 197
2014	1 103	1 346	194	11 251	147	14 041
2015	1 219	1 111	229	11 557	155	14 271
2016	1 431	1 285	219	11 514	90	14 539

2）延安市

延安市受水区,2010~2016 年总用水量变化不大,仅增长了 632 万 m³,主要为居民生活用水量增长,增加了 417 万 m³。工业、建筑业和第三产业、生态环境用水量均有不同程度增长。2010~2016 年延安市用水量变化情况见表 5-20。

表 5-20　2010~2016 年延安市用水量变化　　（单位:万 m³）

年份	居民生活	工业	建筑业、第三产业	农业	生态环境	总用水量
2010	1 908	3 942	627	3 517	304	10 298
2011	1 899	4 762	709	3 516	316	11 202
2012	1 956	4 601	699	2 896	311	10 463
2013	2 175	4 552	706	3 226	306	10 965
2014	2 343	4 466	732	3 367	294	11 202
2015	2 348	4 593	738	3 300	297	11 276
2016	2 325	4 030	798	3 426	351	10 930

3. 甘肃省

1）庆阳市

庆阳市四县,2010~2016 年总用水量波动较大,总用水量由 2010 年的约 1.31 亿 m³ 下降到 2012 年的约 0.91 亿 m³,后随着社会经济发展用水量逐渐增长到 2016 年的约 1.2 亿 m³。总用水量的变化主要受用水量占比较大的工业用水量变化影响。工业用水量从 2010 年的约 0.54 亿 m³ 下降到 2016 年的约 0.38 亿 m³。农业用水量从 2010 年的约 0.61 亿 m³ 上升到 2016 年的约 0.66 亿 m³。建筑业、第三产业、生态环境用水量较小。2010~2016 年庆阳市用水量变化情况详见表 5-21。

表 5-21　2010~2016 年庆阳市用水量变化　　（单位:万 m³）

年份	居民生活	工业	建筑业、第三产业	农业	生态环境	总用水量
2010	1 391	5 373	237	6 060	71	13 132
2011	1 337	5 852	229	5 360	70	12 848
2012	1 303	2 780	254	4 693	36	9 066
2013	1 268	4 592	271	3 210	36	9 377
2014	1 507	4 894	274	3 499	36	10 210
2015	1 413	3 858	280	4 429	36	10 016
2016	1 385	3 767	283	6 558	36	12 029

2）民勤县

石羊河流域民勤县,2010~2016 年总用水量由约 3.98 亿 m³ 减少到约 3.69 亿 m³。

其中,农业用水量从约 3.5 亿 m³ 减少到约 3.2 亿 m³,生态环境用水量从约 0.35 亿 m³ 减少到约 0.29 亿 m³,居民生活用水量从约 0.06 亿 m³ 增加到约 0.07 亿 m³,建筑业和第三产业用水量也有所增加。2010~2016 年民勤县用水量变化情况见表 5-22。

表 5-22　2010~2016 年民勤县用水量变化　　　　　　　　（单位:万 m³）

年份	居民生活	工业	建筑业、第三产业	农业	生态环境	总用水量
2010	588	628	107	34 980	3 476	39 780
2011	601	771	122	34 066	3 618	39 178
2012	605	1 002	125	34 293	3 614	39 639
2013	612	1 149	129	32 684	870	35 444
2014	662	1 169	140	32 549	866	35 386
2015	687	1 306	154	32 719	1 650	36 516
2016	679	1 547	167	31 640	2 875	36 908

4. 内蒙古自治区

1) 阿拉善盟

阿拉善盟阿拉善左旗,近 7 年来总用水量从 2010 年的约 0.97 亿 m³ 减少到 2016 年的约 0.88 亿 m³。农业用水量从约 0.51 亿 m³ 减少到约 0.47 亿 m³,生活和生态环境用水量分别减少了 5.8 万 m³ 和 113 万 m³,工业用水量减少了 457 万 m³。2010~2016 年阿拉善盟用水量变化情况详见表 5-23。

表 5-23　2010~2016 年阿拉善盟用水量变化　　　　　　　（单位:万 m³）

年份	居民生活	工业	建筑业、第三产业	农业	生态环境	总用水量
2010	149	3 781	59	5 068	667	9 724
2011	185	3 889	78	4 824	611	9 587
2012	175	3 892	71	4 772	1 150	10 060
2013	175	3 502	82	4 746	567	9 072
2014	175	3 378	92	4 826	547	9 018
2015	151	3 253	85	4 759	526	8 774
2016	143	3 324	74	4 666	554	8 761

2) 鄂尔多斯市

鄂尔多斯市鄂托克旗和鄂托克前旗,近年来总用水量基本维持在 4.2 亿 m³ 左右,历年变化不大。其中,农业用水量增加了 2.9%,生活用水量增加了 17.4%,生态环境用水量增加了 6.3%,工业用水量减少了 16.0%。2010~2016 年鄂尔多斯市用水量变化情况详见表 5-24。

表 5-24　2010~2016 年鄂尔多斯市用水量变化　　　（单位:万 m³）

年份	居民生活	工业	建筑业、第三产业	农业	生态环境	总用水量
2010	555	5 334	404	34 229	986	41 508
2011	561	5 224	330	33 516	1 004	40 635
2012	567	5 645	317	33 514	1 012	41 055
2013	590	4 947	566	33 592	1 571	41 266
2014	735	5 710	145	35 428	746	42 764
2015	756	4 603	149	35 393	788	41 689
2016	651	4 479	151	35 332	1 048	41 661

5.1.4　用水水平分析

5.1.4.1　生活用水水平分析

现状年受水区城镇居民人均生活用水量为 86 L/(人·d),农村居民人均生活用水量 44 L/(人·d),除宁夏吴忠市利通区、银川市区城镇居民人均生活用水量达到黄河流域水平外,其余均低于黄河流域城镇和农村人均生活用水水平 101 L/(人·d)、62 L/(人·d),远低于全国人均生活用水水平 136 L/(人·d)、86 L/(人·d)。尤其是宁夏吴忠市红寺堡区、盐池县、同心县等干旱缺水地区,城镇居民生活用水定额低于黄河流域农村用水水平,农村居民生活人均用水定额不到 30 L/(人·d),仅能满足日常生活最基本用水。各县(区)生活用水定额见表 5-25。

表 5-25　受水区生活用水水平统计成果

省(区)	市级行政区	县级行政区	用水定额[L/(人·d)]	
			城镇	农村
宁夏	吴忠市	利通区	109	42
		红寺堡区	62	30
		盐池县	51	28
		同心县	42	28
		青铜峡市	75	33
		市均	79	32
	银川市	银川市区	109	44
		永宁县	73	35
		贺兰县	86	35
		灵武市	70	35
		市均	91	37
	石嘴山市	平罗县	78	32
		大武口区	87	33
		市均	86	39
省均			80	34

续表 5-25

省(区)	市级行政区	县级行政区	用水定额[L/(人·d)]	
			城镇	农村
陕西	榆林	定边县	78	54
		靖边县	74	56
		市均	76	55
	延安	宝塔区	75	56
		安塞区	70	44
		吴起县	70	56
		志丹县	74	39
		市均	74	49
	省均		74	52
甘肃	庆阳	庆城县	82	34
		环县	64	42
		华池县	77	40
		合水县	77	39
		市均	75	39
平均			86	44
黄河流域			101	62
全国			136	86

5.1.4.2 工业用水水平分析

受水区各市万元工业增加值用水量均低于该省万元工业增加值用水量均值,且低于黄河流域用水水平 34 m³,并且远低于全国工业用水水平 53 m³。受水区水资源短缺,高耗水产业少,大多为新能源、新材料、食品加工、装备制造等产业,工业节水水平较高。万元工业增加值用水量对比情况见表 5-26。

5.1.4.3 农业用水水平分析

1. 规划大柳树灌区

现状年,宁夏已发展规划大柳树灌区面积 184.5 万亩,亩均综合灌溉用水量 394 m³,平均灌溉水利用系数 0.64;陕西已发展灌区面积 44.8 万亩,亩均综合灌溉用水量 363 m³,平均灌溉水利用系数 0.56;内蒙古已发展灌区面积 20.8 万亩,亩均综合灌溉用水量 420 m³,平均灌溉水利用系数 0.62。现状年黄河流域农田灌溉用水量 368 m³/亩,平均灌溉水利用系数 0.54;全国平均农田灌溉用水量 380 m³/亩,平均灌溉水利用系数 0.542。受水区灌溉水利用系数高于黄河流域和全国平均水平。除陕西外,其他地区亩均灌溉用水量均低于黄河流域和全国亩均灌溉用水量,农业用水水平相对较高。

表 5-26　万元工业增加值用水量统计成果

省(区)	市	万元工业增加值用水量(m^3)
宁夏	吴忠市	33
	银川市	41
	石嘴山市	20
	受水区平均	31
	全省平均	33
陕西	榆林市	6
	延安市	15
	受水区平均	9
	全省平均	18
甘肃	庆阳市	23
	全省平均	56
受水区平均		31
黄河流域		34
全国		53

2.陕甘宁革命老区

受水区各县(区)农田灌溉定额较低,均低于黄河流域和全国农田灌溉定额。农田灌溉定额较低,一方面因为节水,另一方面因为受水区大部分地区均为非充分灌溉,实际灌溉定额远低于作物需水定额,例如盐池县、同心县东部、定边县、宝塔区、安塞区、吴起县、志丹县、庆城县、华池县。根据实地调研,受水区有效灌溉面积 292 万亩,实际灌溉面积仅为 91 万亩,实灌率仅 31%。陕甘宁革命老区现状农田灌溉定额见表 5-27。

表 5-27　陕甘宁革命老区现状农田灌溉定额

省(区)	市级行政区	县级行政区	农田灌溉定额(m^3/亩)
宁夏	吴忠	红寺堡区	352
		盐池县	191
		同心县东部	258
		平均	266

续表 5-27

省(区)	市级行政区	县级行政区	农田灌溉定额(m³/亩)
陕西	榆林	定边县	299
		靖边县	241
		平均	259
	延安	宝塔区	113
		安塞区	114
		吴起县	114
		志丹县	131
		平均	120
	平均		217
甘肃	庆阳	庆城县	249
		环县	335
		华池县	250
		合水县	309
		平均	285

5.2 生态环境现状

5.2.1 河流湖泊生态现状

研究选取受水区具有代表性的典型河流开展了实地调研,对典型河流的河道及周边生态环境、河流水质以及河流生态水量等状况进行分析。

5.2.1.1 宁夏受水区

选取受水区具有代表性的宁夏境内的清水河、苦水河、红柳沟、红山沟、北马房沟等河流,在已有成果的基础上,结合实地调研和收集有关资料分析,存在共性的生态环境问题主要有:由于资源性缺水的禀性,且具有径流年内分配不均、年际变化大,汛期洪水泥沙含量大的水文特性,河岸植被覆盖度低,生态环境脆弱,且河流水质本地较差,矿化度高,泥沙含量大,处理成本高,水资源难以利用。典型河流生态现状见图 5-7~图 5-11。

5.2.1.2 陕西受水区

1. 延河

延河为黄河右岸的一级支流,发源于榆林靖边县白于山南麓,由西北流向东南,经延安市安塞区、宝塔区,于延长县南河沟乡凉水岸附近注入黄河,全长 286.9 km,流域面积 7 725 km²,多年平均径流量 2.93 亿 m³。其中,延安市境内河长 248.5 km,流域面积

图 5-7　清水河支流黑风沟(同心县河段拍摄于 2019 年 4 月)

图 5-8　苦水河(红寺堡区河段拍摄于 2019 年 4 月)

图 5-9　红柳沟(红寺堡区河段拍摄于 2019 年 4 月)

7 321 km²,多年平均径流量 2.55 亿 m³,多年平均输沙量 8 756 万 t。

(1)水资源开发利用难度大。

延河属降水补给型河流,径流量年际、年内变化与降水分布一致,汛期多洪水,水资源难以利用;非汛期河道内水量少,水资源可利用量小。现状水资源开发利用率不足 20%。

(2)含沙量大,河道淤积严重,水质差。

延河流域地处黄土高原丘陵沟壑区,降水集中、土质疏松,暴雨洪水挟带大量泥沙淤积河道。近年来,延河流域径流减少,社会经济发展用水挤占生态环境用水,河道的纳污

图 5-10　北马房沟(拍摄于 2019 年 4 月)　　　图 5-11　红山沟(拍摄于 2019 年 4 月)

能力降低,但排污量却在逐年增加,对延河流域水生态环境造成了严重的影响。

(3)径流衰减严重,生态环境用水严重缺乏。

2000 年以来,延河径流量逐年减少,由 2001 年的 1.4 亿 m³ 减少到 2015 年的 0.29 亿 m³。延河来水量时空分布不均,河流水量存在较大的时空差异,即便在汛期仍有多处河段无法保证生态基流,非汛期流量更小,甚至出现断流,生态环境用水严重缺乏,不能满足维持延河干流生态系统的需求。根据延安站实测资料,1990~2015 年非汛期(10 月至次年 6 月)流量小于生态流量阈值 1.5 m³/s 的月份为 137 个,其中 2015 年 1 月流量仅为 0.16 m³/s,南川河在枯水期几近断流。

2. 北洛河

北洛河发源于陕西省定边县白于山南麓,由西北流向东南,流经吴起县、志丹县,汇入渭河,流域总面积 17 948 km²。2001~2016 年多年平均水量 9.80 亿 m³,其中地表水 7.68 亿 m³。多年平均地表水供水量 2.45 亿 m³,地表水耗水量 1.96 亿 m³,地表水开发利用率为 32.1%,地表水消耗率 25.7%。上游较大支流周河发源于靖边县周家嘴,向南流经志丹县,年均径流量 0.41 亿 m³,流量小,含沙量大。

(1)水土流失严重,生态环境脆弱。

北洛河流域水土流失严重,生态脆弱,是黄河中游多沙粗沙来源区之一,被列为国家水土流失重点防治区。北洛河流域水沙异源,产沙主要集中在刘家河断面以上,即定边县、靖边县、吴起县、志丹县,该区域为剧烈侵蚀和极强烈侵蚀水土流失区。北洛河流域多年平均产沙量约 1.0 亿 t,现状下垫面条件下,1956~2000 年系列刘家河站天然来沙量为 0.61 亿 t,其中汛期(7~10 月)来沙量 0.52 亿 t,来沙具有年际变化大、年内分配不均的特点。

(2)水质不达标,水污染严重。

干流和周河等支流定边县、靖边县、吴起县、志丹县河段水体基本为 Ⅴ 类、劣 Ⅴ 类。水质主要以石油工业和生活污染为主,其中上游(受水区段)以重金属、无机物和有机物污染为主,受水区河段水质不达标,水污染严重。

(3)径流量衰减严重,河道内生态水量不满足。

近年来,北洛河天然径流量持续衰减,从 1956~2000 年系列的多年平均径流量 9.32 亿 m³ 衰减到 2001~2016 年系列的 7.68 亿 m³,减少了 17.6%。其中上游重要控制断面,位于志丹县境内的刘家河断面由 2.5 亿 m³ 衰减到 1.5 亿 m³,减少了 40%。根据北洛河流域综合规划,刘家河断面生态流量要求为 11 月至次年 3 月的 0.8 m³/s,4~6 月 1 m³/s,7~10 月 6.2 m³/s,据 2000~2014 年实测资料统计,有 30% 的时段无法满足河道生态流量下泄要求。

3. 无定河

无定河发源于定边县长春梁东麓,右岸支流芦河发源于靖边县南部的白于山北坡,上源有支流东、西芦河在镇靖乡汇合,由南向北流经靖边。右岸大理河发源于靖边县白于山北麓,流经安塞区。现状年榆林、延安地表水供水量 4.2 亿 m³,地表水耗水量 2.2 亿 m³,多年平均来水情况下,地表水开发利用率 36.3%,地表水消耗率 25.2%。

(1)生态环境脆弱,水土流失严重。

无定河流域生态环境脆弱,水土流失严重,是黄河中游多沙粗沙来源区流域面积最大、入黄泥沙量最多的一条支流,被列为国家水土流失重点防治区之一。定边县、靖边县、安塞区为无定河水土流失状况强度侵蚀和极强烈侵蚀区域。

(2)水体污染较为严重,水质不达标。

无定河支流芦河等河流现状污染物排放量已远超水体纳污能力,支流水体污染更为严重,芦河全段水质均不达标,芦河靖边县段水质为Ⅳ类至劣Ⅴ类。

5.2.1.3 甘肃受水区

1. 马莲河

马莲河是泾河最大的一级支流,发源于宁夏自治区盐池县麻黄山和陕西省定边县的白于山一带,由西北流向东南,流经甘肃省环县、华池县、庆城县、合水县后注入泾河,庆阳市境内河长 331.8 km,干流河道平均比降约 1.35‰。马莲河流域地表水资源量 4.47 亿 m³,蓄水工程有效调节库容 0.26 亿 m³,近 5 年流域内各类水利工程地表水源平均供水量 0.55 亿 m³,地表水资源开发利用率仅为 12.2%。

(1)水土流失严重。

马莲河流域地处陇东黄土高原,是黄土高原水土流失最严重的地区之一,流域面积 19 086 km²。土壤侵蚀类型主要有水力侵蚀、风力侵蚀和重力侵蚀三种类型。庆城和环县是流域内水土流失最严重的地区,侵蚀模数超过 7 000 t/(km²·a);华池县侵蚀模数为 4 000~6 000 t/(km²·a);合水县侵蚀模数约为 2 000 t/(km²·a)。

(2)水资源时空分布不均,含沙量高、水沙异源。

马莲河来水主要集中于汛期,非汛期水量较小,水资源时空分布不均。马莲河多年平均含沙量高达 280.2 kg/m³,是黄河中游泥沙的主要来源地之一,流域沙量主要产自庆城庆阳水文站庆城、环县地区,庆阳水文站多年平均来沙量为 1.05 亿 t,占同时期流域来沙量(雨落坪站)的 85.4%,而实测年均径流量仅为 2.07 亿 m³,占同期流域实测径流总量(雨落坪站)的 47.2%。

(3)环县、庆城段水质不达标。

流域内环县、庆城等县城沿河而建,主要工业园区也分布在马莲河干流及支流沿岸,随着城镇化进程的加快和能源化工基地的迅猛发展,城镇生活、工业企业排污较为集中,影响了干流中下游的水体水质,流域现状水功能区水质达标率仅为 33%。

2. 青土湖

青土湖地处河西走廊内陆河流域的民勤县境内,是历史上石羊河的尾闾湖。据史料记载,19 世纪青土湖是民勤县境内的最大湖泊,水域面积达 400 km²,呈现碧波荡漾、野鸭成群的美丽景观。后由于社会经济的快速发展,流域中上游用水量持续增长,地下水超采严重,湖泊开始萎缩,再加上红崖山水库的修建,阻断了青土湖的补水通道,1959 年完全干涸。2007 年开始实施石羊河流域综合治理,通过中游节水、下游关井压田等一系列的措施,经过三年的努力,青土湖地区生态环境明显好转。截至 2016 年,湖面面积有所恢复,湖泊水深增高到 3.53 m,湖泊蓄水量增加到 1 794 万 m³。

5.2.1.4　内蒙古受水区

吉兰泰盐湖是我国大型内陆盐湖之一,位于阿拉善左旗境内,内蒙古乌兰布和沙漠西南边缘,坐落于乌兰布和沙漠西南边缘的贺兰山与巴彦乌拉山之间的冲洪积扇之上,四周由戈壁草原、沙丘所环抱。

多年来,吉兰泰盐湖在干旱气候不断加剧的背景下,在湖区资源过度开发的人为活动干预下,区域环境出现整体退化,风沙灾害日益严重。20 世纪 60 年代初期,吉兰泰盐湖湖面还有 0.1~0.2 m 的湖表卤水,目前已经演化到无湖表卤水的干盐湖。

5.2.2　地下水生态环境现状

5.2.2.1　地下水超采现状

根据黄河流域(片)第三次水资源调查评价结果,受水区有 7 个县(区)存在地下水超采情况,分别在宁夏银川市兴庆区、金凤区、西夏区,陕西省榆林市靖边县,内蒙古鄂尔多斯市鄂托克旗、鄂托克前旗,这些区域 2001~2016 年多年平均实际开采量 15 205 万 m³,多年平均可开采量为 13 510 万 m³,年均超采量 1 695 万 m³,超采率达 12.5%,超采面积724 km²,均已形成地下水漏斗。受水区地下水超采状况见表 5-28。

表 5-28　受水区地下水超采状况

省(区)	市级行政区	县级行政区	可开采量(万 m³)	年均实际开采量(万 m³)	年均超采量(万 m³)	超采区面积(km²)
宁夏	银川	银川市区	10 110	10 972	862	294
陕西	榆林	靖边县	1 610	1 847	237	207
内蒙古	鄂尔多斯	鄂托克旗	171	208	37	86
		鄂托克前旗	1 619	2 178	559	137
		合计	1 790	2 386	596	223
总计			13 510	15 205	1 695	724

根据调查,超采地区地下水主要为生活用水和工业用水,由于城乡供水较为分散,地表水供水条件及工程不完善,地表水难以利用等问题,导致大量开采地下水。地下水开采基本上以地下潜水为主,因此导致地下水位大幅下降,生态环境逐渐恶化,给农业生产和城市供水带来严重影响。

5.2.2.2　地下水水质状况

银川市地下水水质本底值较差,同时近些年来水源地缺乏有效保护,现状浅层地下水(潜水)受农田施用化肥影响较大,氨氮、铁、锰、氟化物等大量检出,水质由西向东逐渐变差。银川市南郊水源地、东郊水源地、北郊水源地、永宁县水源地和贺兰水源地水质多项指标超标,石嘴山市第二水源地氨氮超标、第三水源地硫酸盐超标。部分水源地水质日趋恶化,严重威胁人民群众的身体健康。

榆林市定边县的地下水埋深浅、径流条件差,蒸发浓缩作用强烈,高氟水主要分布在中部的平原滩地区和北部的风沙草滩区,南部白于山区散在分布;苦咸水主要分布在南部的黄土丘陵区。靖边县地下水均低于Ⅲ类水,水源污染较严重,氟含量超标,且水质有恶化趋势。污染物来源除天然本底水质差外,还有大量的生活、工业、农业污染未经处理直接排放以及石油开采污水回注等。

庆阳市受水区局部存在地下水矿化度较高,由于淡水资源缺乏,苦咸水依然是城乡生活的唯一水源。现有矿化度高、硫酸盐高或金属离子高等水质问题,必须经过深度处理才能供生产、生活使用,处理成本高。环县、庆城县部分水源地受上游城镇及石油化工企业污染以及突发性水污染事件风险威胁。环县洪德以上地处沙地,废污水多为陆域排放,部分废污水排至沙地后自然蒸发、下渗,个别污染企业私挖渗坑、渗井,废污水向地下转移对地下水水质产生不利影响,对地下水饮用水源地安全构成风险和隐患。

5.2.3　生态防护林建设

宁夏受水区范围地处毛乌素沙地边缘,大柳树灌区内蒙古受水区地处腾格里沙漠和乌兰布和沙漠边缘,宁夏的盐池县和阿拉善左旗,平均每年大风 20 多次,最多可达 70 次,冬春季尤甚,风沙侵害十分严重。本次重点对受风沙侵害较重的宁夏盐池县和内蒙古阿拉善左旗的生态防护林建设情况进行了调研。腰坝滩灌区腾格里沙漠边缘人工防护林建设情况见图 5-12。

图 5-12　腰坝滩灌区腾格里沙漠边缘人工防护林建设情况

盐池地区光热资源充足,人均草地高于全国平均水平,是宁夏重要的畜牧业地区。由于水资源短缺,干旱、风沙危害和水土流失严重,同时受人类活动的影响,导致当地生态问题突出,制约了地区经济社会的可持续发展,影响了当地农民脱贫致富,人民长期处于贫穷落后的境地。

阿拉善左旗由于干旱少雨、蒸发强烈,水资源短缺,自然条件差,植被严重退化,横贯东西约 1 700 万亩的梭梭林现仅存 834 万亩,严重退化的草场面积已达 4 950 万亩。同时沙漠化进程加剧,阿拉善盟处于风沙危害的前沿,是受沙漠化强烈影响的地区,全盟荒漠化面积占国土面积的 85% 以上,沙漠还以每年 20 m 的速度向东南方向推移,并以每年 1 000 km^2 的速度在扩展蔓延,每年近 1 亿 t 的流沙倾入黄河。近年来,当地通过在腾格里沙漠边缘实施飞播林草、围拦封育、退牧还林还草等措施建设生态防护林带,形成南北长 300 km、东西宽 35 km 的一条绿色屏障,有效遏制腾格里沙漠的前移,改善灌区生态环境,减轻沙漠的危害,使国土资源得到充分的利用。

建设生态防护林是促进区域经济发展,加快农民脱贫致富,实现经济社会可持续发展的战略需要。目前,当地在农田保护、水土保持、防风固沙等方面进行了广泛的探索,积累了一定的经验,不少地方取得了较好的效果,植被覆盖度较好。然而由于水资源短缺,风沙、土地沙化情况明显,仍有大片沙化土地,每年冬春季节风沙危害仍比较严重。

5.2.4　生态移民

实施生态移民,特别是将位于生态脆弱区的贫困人口有计划、有步骤地迁移至环境宜居新区,是摆脱生态贫困和人口贫困恶性循环的必要举措,是我国西部落后地区新时期移民工作和生态文明建设的全新探索。

通过对宁夏罗山、朱庄子村和阿拉善左旗的十几个苏木等移民旧址调研,移民旧址区山丘多,河流少,风沙大,雨露缺,生态环境十分脆弱,生活条件仅能勉强支撑生存,人民生活贫困艰苦。通过实施生态移民,将位于生态脆弱区或重要生态功能区的人口进行迁移,其根本诉求是消除贫困、发展经济和修复生态,从而实现社会经济的可持续发展和生态环境的不断改善。

宁夏红寺堡生态移民开发区、内蒙古阿拉善盟孪井滩,采取"建设小绿洲,保护大生态"的移民模式,明显改善了贫困人口的生产、生活条件,在提高村民收入水平的同时,大幅改善了生态环境,取得了较好的生态效益、社会效益和经济效益,对初步遏制迁出区生态恶化趋势做出了重要贡献。但受制于水资源缺乏,林草植被维持现状不恶化将面临重大挑战,同时异地安置后的生产、生活,实施难度较大。

5.3　存在的主要问题

(1)水资源短缺是制约当地经济社会可持续发展的主要因素。

受水区地处干旱区和湿润区的过渡带,气候干旱少雨,资源型、工程型和水质型缺水问题并存,生态环境脆弱,经济发展相对落后,是国家脱贫攻坚的主战场。受水区土地资源丰富,是国家粮食安全的后备区,也是能源的聚集区,煤、石油、天然气等资源储量非常丰富,以榆林、延安、庆阳、吴忠为龙头,加快建设陕北能源化工基地、陇东煤电化工基地、宁东能源化工基地、西电东送基地、煤炭深加工基地和循环经济示范区。

随着受水区经济社会的快速发展,各行业用水量不断增大,缺水矛盾进一步突出,因此水资源匮乏依然阻碍受水区社会经济的快速发展和人民生活水平的快速提高,已成为制约当地经济发展的主要因素。

（2）现状工程供水能力不足、保证率低，脱贫成果难以稳定。

20世纪80年代以来，在党中央的亲切关怀和大力支持下，先后实施了盐环定扬水、红寺堡扬水、延安引黄等重大水利工程，为解决该区域城乡居民生活用水和部分工农业生产用水，促进地区经济社会发展和生态环境改善，发挥了重要作用。但受引黄水量指标限制、供水成本高和国家投资等诸多因素的制约，工程建设规模偏小、建设标准偏低，近年现状工程的供水能力已与当地生产、生活用水需求不相适应。由于生活及工业用水保证率要求高，而且在供水紧张情况下需要优先保证，农业和生态环境用水在供水紧张情况下属于被"牺牲"的对象。随着该地区经济社会的快速发展，尤其是要全部打赢脱贫攻坚战、与全国同步实现建成小康社会的战略目标，这一区域提高城乡供水保障水平、消除制约水安全的关键因素、巩固脱贫成果，显得尤为迫切。

（3）部分地区当地水质不达标，饮水安全问题未彻底解决，地方病现象依然存在。

陕西省定边县是全国有名的高氟地下水分布区之一，高氟水主要分布在中部的平原滩地区和北部的风沙草滩区，南部白于山区散在分布；苦咸水主要分布在南部的黄土丘陵区。据调查，仍有部分农村饮用水不符合生活饮用水卫生标准，长期饮用高氟水、苦咸水，可引起氟斑牙、骨质疏松、骨变形、大关节病、桶圈腿、罗圈腿等地方疾病，长期饮用后果相当严重，甚至可让人丧失劳动力，往往给家庭带来沉重负担，导致因水而贫、因水而困。靖边县、吴起县、志丹县、盐池县、安塞区等也有部分农村存在不同程度的饮用水不达标情况，饮水安全问题未能彻底解决。

甘肃省庆阳市受水区部分地区地下水矿化度较高，由于淡水资源缺乏，苦咸水依然是城乡生活的唯一水源。现有地表水存在矿化度高、硫酸盐高或金属离子高等水质问题，必须经过深度处理才能供生产、生活使用，处理成本昂贵。

（4）生态环境缺水引起的生态环境恶化问题，严重影响人民群众生活水平的提高。

受水区气候干旱少雨，水资源严重短缺，受水资源天然禀赋条件的制约，当地有限的水资源主要用于生产、生活用水，生态环境用水量相对较少，带来了一系列的水生态环境恶化问题。例如，湖泊湿地退化、延河断流、宁夏罗山等地区地下水位下降、植被减退等问题。因此，在生态文明建设的大背景下，水生态建设对水资源提出了新的要求，需要在资源优化配套的前提下，保证生态环境用水需求，满足人们对美好生活环境的要求。

6 供水方案研究的指导思想及目标

6.1 指导思想和原则

6.1.1 指导思想

以习近平新时代中国特色社会主义思想为指导,全面贯彻党的十九大和十九届二中、三中、四中、五中全会精神,以及黄河流域生态保护和高质量发展座谈会上的重要讲话、中央财经委员会第六次会议重要讲话精神,遵循"节水优先、空间均衡、系统治理、两手发力"的治水思路,全面落实"水利工程补短板、水利行业强监管"水利改革发展的总基调,系统全面地考虑工程供水范围内城乡用水安全、生态文明建设要求、脱贫致富和经济社会发展需要,从实际出发,着眼于利用,落脚于合理,有利于实施,着力解决受水区的生态保护与脱贫战略实施等面临的水资源突出问题,实现"建设小绿洲、保护大生态",促进相关地区经济社会的可持续发展,提高区域水资源保障能力,助力巩固脱贫攻坚成果,促进地区振兴。

6.1.2 原则

(1)以人为本、保障饮水安全。把彻底解决城乡生活用水问题作为首要任务。

(2)提高保障水平、高质量发展。从实际出发,宜水则水、宜山则山,宜粮则粮、宜农则农、宜工则工、宜商则商。通过补短板、增加水量供给来解决现状农业灌溉与城乡生活、工业用水之间的突出矛盾,增加发展能力,为革命老区振兴、早日实现现代化提供水源支撑,促进革命老区经济社会高质量发展。

(3)改善生态环境、保护生态安全。生态优先,置换当地有限的水资源,推动扭转不合理的水资源开发利用方式,为改善受水区生产、生活挤占生态用水的现象创造条件。

(4)坚持大农业的发展思路。走高效、节水、集约的现代化大农业之路,增强农牧业综合生产能力,为国家粮食安全和重要农牧产品提供有效供给。在农牧业开发的过程中,要注重规模发展,延长农牧业产业链,鼓励发展附加值高的农牧产品加工业。

(5)节水优先、量水而行。把水资源作为最大的刚性约束,把深度节水贯穿于经济社会发展全过程和各领域,以水定需、量水而行,合理规划人口、城市和产业发展,坚决抑制不合理的用水需求。

6.2 水平年

黑山峡河段工程供水方案研究的现状水平年为2016年,近期水平年为2035年,远期水平年为 2050 年。

6.3 供水目标

近期,充分保障受水区生活及部分工业用水,兼顾必要的农业和生态环境用水,为受水区基本实现社会主义现代化提供水源保障。

远期,考虑南水北调西线规划工程全部建成生效,最大限度地满足受水区生产、生活和生态环境的用水需求,为受水区实现社会主义现代化强国提供水源保障。

7 水资源供需分析及配置研究

7.1 国民经济社会发展指标预测

根据国家总体发展战略和社会主义现代化强国的奋斗目标要求:到 2035 年基本实现社会主义现代化,到 21 世纪中叶把我国建成富强民主文明和谐美丽的社会主义现代化强国;参照《陕甘宁革命老区振兴规划(2012—2020)》《宁夏回族自治区国民经济和社会发展第十三个五年规划纲要》《榆林市经济社会发展总体规划(2016—2030 年)》《庆阳市城市总体规划(2009—2025 年)》等各省(区)国民经济"十三五"规划、城市发展规划、工业发展规划,以及《甘肃省水资源规划报告》《马莲河流域综合规划报告》等相关水资源和流域规划成果,开展黑山峡河段工程供水范围不同水平年国民经济社会发展指标预测。

7.1.1 人口及城镇化率

现状年,受水区常住人口 719.4 万人,城镇人口 421.2 万人,城镇化率 58.5%。其中,宁夏受水区总人口 425.8 万人,城镇化率 64.6%;陕西受水区常住人口 166.02 万人,城镇化率 62.68%;甘肃受水区常住人口 110.02 万人,城镇化率 32.69%;内蒙古受水区常住人口 17.64 万人,城镇化率 34.5%。

《国家人口发展规划(2016—2030 年)》指出,当前实施全面两孩政策后,近期人口有所增加,但总体由于育龄妇女数量减少及人口老龄化带来死亡率上升影响,人口增长势能减弱,预测中国人口将在 2030 年前后达到峰值,此后持续下降。

中国社会科学院人口与劳动经济所与社会科学文献出版社共同发布的《人口与劳动绿皮书:中国人口与劳动问题报告 NO.19》(2019 年)指出,长期的低生育率导致高度老龄化和人口衰退,预测中国人口将在 2029 年达到峰值 14.40 亿人,2030 年开始进入持续的负增长,2050 年减少到 13.64 亿人。

7.1.1.1 宁夏受水区

根据《宁夏回族自治区统计年鉴》统计分析宁夏各受水区近几年人口增长趋势,2011~2016 年宁夏受水区人口自然增长率为 10‰~12‰,表明近 6 年来受水区人口自然增长较为平稳,结合《宁夏国民经济和社会发展"十三五"规划纲要》《银川市国民经济和社会发展第十三个五年规划纲要》《吴忠市国民经济和社会发展第十三个五年规划纲要》等相关资料,以及国家近期实行的三孩政策,预测宁夏受水区 2035 年常住人口 511.9 万人,城镇化率达到 80.1%;2050 年人口较 2035 年下降,常住人口 496.1 万人,城镇化率进一步提高到 91.3%。宁夏受水区各县(市、区)人口及城镇化率预测成果见表 7-1。

表 7-1 宁夏受水区各县(市、区)人口及城镇化率预测成果

市级行政区	县级行政区	总人口(万人)			城镇人口(万人)			城镇化率(%)		
		2016 年	2035 年	2050 年	2016 年	2035 年	2050 年	2016 年	2035 年	2050 年
吴忠市	利通区	41.1	56.0	54.4	25.9	45.5	49.3	63.0	81.3	90.6
	红寺堡区	19.4	21.2	20.5	6.5	14.8	17.4	33.5	79.8	84.9
	盐池县	15.6	18.8	18.2	7.0	13.1	15.5	44.9	69.7	85.2
	同心东部	13.6	14.8	14.3	3.1	10.3	12.2	22.8	69.6	85.3
	青铜峡市	27.8	33.0	32.0	16.0	24.4	27.2	57.6	73.9	85.0
	小计	117.5	143.8	139.4	58.5	108.1	121.6	49.8	75.2	87.2
银川市	兴庆区	70.5	84.7	82.1	65.0	80.5	80.5	92.2	95.0	98.1
	西夏区	35.6	44.8	43.4	32.1	41.7	42.6	90.2	93.1	98.1
	金凤区	30.8	41.2	39.9	26.9	37.1	39.1	87.3	90.0	98.0
	永宁县	24.0	26.2	25.4	12.0	19.7	21.6	50.0	75.2	85.0
	贺兰县	25.6	28.0	27.1	13.5	21.0	23.1	52.7	75.0	85.2
	灵武市	29.1	32.6	31.6	16.2	26.1	28.4	55.7	80.1	89.9
	小计	215.6	257.6	249.5	165.7	226.1	235.3	76.9	87.8	94.3
中卫市	沙坡头区	12.2	13.9	13.5	4.9	7.0	11.5	40.2	50.4	85.2
	中宁县	10.4	12.2	11.8	2.1	4.9	10.1	20.2	40.2	85.6
	海原县	12.1	14.0	13.6	2.5	5.6	11.6	20.7	40.0	85.3
	小计	34.7	40.1	38.9	9.5	16.1	33.2	27.4	43.6	85.3
石嘴山市	平罗县	24.6	29.2	28.3	11.8	21.0	24.1	48.0	71.9	85.2
	大武口区	30.6	37.9	36.7	28.4	36.0	36.0	92.8	95.0	98.1
	小计	55.2	67.1	65.0	40.2	57.0	60.1	72.8	84.9	92.5
固原市	原州区	2.9	3.4	3.3	1.2	1.3	2.8	41.4	38.2	84.8
合计		425.9	511.9	496.1	275.1	408.6	453.0	64.6	80.1	91.3

注:中卫市各县(区)及固原市原州区的人口仅为规划大柳树灌区范围内的人口规模。

7.1.1.2 陕西受水区

在分析榆林、延安各县(区)近几年人口增长趋势的基础上,根据《榆林市经济社会发展总体规划(2016—2030 年)》及《榆林市国土空间综合规划(2015—2030 年)》《延安市国民经济和社会发展第十三个五年规划纲要》《延安市城市总体规划(2009—2025)》等相关材料,预测受水区 2035 年常住人口 203.5 万人,城镇化率 81.9%;2050 年常住人口199.6 万人,城镇化率 92.6%。陕西受水区各县(区)人口及城镇化率预测成果见表 7-2。

表7-2　陕西受水区各县(区)人口及城镇化率预测成果

市级行政区	县级行政区	总人口(万人)			城镇人口(万人)			城镇化率(%)		
		2016年	2035年	2050年	2016年	2035年	2050年	2016年	2035年	2050年
榆林	定边县	32.7	42.7	41.8	15.1	32.0	35.5	46.0	74.9	84.9
	靖边县	36.9	48.2	47.1	23.1	38.5	42.4	62.6	79.9	90.0
	小计	69.6	90.9	88.9	38.2	70.5	77.9	54.9	77.6	87.6
延安	宝塔区	48.9	60.7	59.7	38.9	54.7	58.5	79.6	90.1	98.0
	安塞区	17.7	19.2	18.9	9.3	15.4	18.0	52.5	80.2	95.2
	吴起县	15.2	17.0	16.7	9.0	13.6	15.9	59.2	80.0	95.2
	志丹县	14.7	15.7	15.4	8.7	12.5	14.7	59.2	79.6	95.5
	小计	96.5	112.6	110.7	65.9	96.2	107.1	68.3	85.4	96.6
合计		166.1	203.5	199.6	104.1	166.7	185.0	62.7	81.9	92.6

7.1.1.3　甘肃受水区

根据《甘肃省统计年鉴》分析甘肃省近几年人口增长趋势,2011~2016年甘肃省人口自然增长率为3‰~6‰,结合《庆阳市国民经济和社会发展第十三个五年规划纲要》《庆阳市城市总体规划(2009—2025)》《庆阳市水资源综合规划》《石羊河流域重点治理规划》等,预测甘肃受水区2035年常住人口121.0万人,城镇化率62.5%;2050年常住人口119.1万人,城镇化率85.1%。甘肃受水区各县人口及城镇化率预测成果见表7-3。

表7-3　甘肃受水区各县人口及城镇化率预测成果

市级行政区	县级行政区	总人口(万人)			城镇人口(万人)			城镇化率(%)		
		2016年	2035年	2050年	2016年	2035年	2050年	2016年	2035年	2050年
庆阳	庆城县	26.7	29.8	29.3	9.6	19.4	24.9	36.0	65.1	85.0
	环县	31.0	34.0	33.5	8.5	20.4	28.5	27.4	60.0	85.1
	华池县	13.1	14.3	14.1	4.6	9.3	12.0	35.1	65.0	85.1
	合水县	15.1	16.7	16.4	5.2	10.9	14.0	34.4	65.3	85.4
	小计	85.9	94.8	93.3	27.9	60.0	79.4	32.5	63.3	85.1
民勤县		24.1	26.2	25.8	8.1	15.7	21.9	33.6	59.9	84.9
合计		110.0	121.0	119.1	36.0	75.7	101.3	32.7	62.5	85.1

7.1.1.4　内蒙古受水区

在鄂尔多斯市和阿拉善盟各县(区)近几年人口增长趋势的基础上,参考《鄂尔多斯市总体规划纲要(2011—2030)》《阿拉善盟国民经济和社会发展第十三个五年规划纲要》,预测受水区2035年常住人口18.9万人,城镇化率39.7%;2050年常住人口18.6万人,城镇化率84.9%。内蒙古受水区各旗人口及城镇化率预测成果见表7-4。

表 7-4　内蒙古受水区各旗人口及城镇化率预测成果

市级行政区	县级行政区	总人口（万人）			城镇人口（万人）			城镇化率（%）		
		2016 年	2035 年	2050 年	2016 年	2035 年	2050 年	2016 年	2035 年	2050 年
阿拉善盟	阿拉善左旗	7.2	7.7	7.6	2.5	3.0	6.4	34.7	39.0	84.2
鄂尔多斯市	鄂托克旗	7.3	7.8	7.6	2.4	3.1	6.5	33.0	40.0	85.0
	鄂托克前旗	3.2	3.4	3.4	1.2	1.4	2.9	37.0	40.0	85.0
	小计	10.5	11.2	11.0	3.6	4.5	9.4	34.3	40.2	85.5
合计		17.7	18.9	18.6	6.1	7.5	15.8	34.5	39.7	84.9

注：阿拉善左旗、鄂托克旗及鄂托克前旗的人口仅为规划大柳树灌区范围内的人口规模。

7.1.1.5　总人口及城镇化率预测

综合上述分析,预测 2035 年受水区总人口为 855.5 万人,其中城镇人口为 659.9 万人,城镇化率为 77.1%;2050 年受水区总人口下降到 833.6 万人,其中城镇人口增长到 755.1 万人,城镇化率进一步增加到 90.6%。受水区各省(区)人口及城镇化率预测成果见表 7-5。

表 7-5　受水区各省(区)人口及城镇化率预测成果

省(区)	总人口（万人）			城镇化率（%）		
	2016 年	2035 年	2050 年	2016 年	2035 年	2050 年
宁夏	425.8	512.0	496.3	64.6	80.1	91.3
陕西	166.0	203.5	199.7	62.7	81.9	92.7
甘肃	110.0	121.1	119.1	32.7	62.6	85.1
内蒙古	17.6	18.9	18.5	34.5	39.7	84.9
总计	719.4	855.5	833.6	58.6	77.1	90.6

7.1.2　工业增加值预测

现状年受水区工业增加值 1 397.5 万元,其中宁夏、陕西、甘肃分别为 675.2 万元、560.7 万元、161.6 万元。

结合受水区《社会经济发展总体规划》《城市总体规划》等相关规划报告,参考受水区相应的水资源综合规划、流域综合规划等,预测 2035 年受水区工业增加值将达到 4 807.6 万元。其中,宁夏、陕西、甘肃分别为 2 610.6 万元、1 644.4 万元、552.6 万元。预测 2050 年受水区工业增加值进一步增加到 8 201.4 万元,其中宁夏、陕西、甘肃分别为 4 651.4 万元、2 635.7 万元、914.3 万元。受水区工业增加值预测成果见表 7-6。

表 7-6 受水区工业增加值预测成果 （单位：万元）

省(区)	市级行政区	县级行政区	2016 年	2035 年	2050 年
宁夏	吴忠市	利通区	69.5	327.5	611.4
		红寺堡区	26.5	84.6	134.7
		盐池县	7.3	23.1	36.6
		同心县东部	4.6	11.5	16.6
		青铜峡市	64.1	231.9	388.5
		小计	172.0	678.6	1 187.8
	银川市	兴庆区	55.9	209.4	356.0
		西夏区	106.6	399.3	678.8
		金凤区	35.3	132.3	224.8
		永宁县	41.3	159.6	274.8
		贺兰县	59.6	238.1	415.5
		灵武市	16.5	112.9	246.8
		小计	315.2	1 251.6	2 196.7
	石嘴山市	平罗县	74.7	305.6	601.7
		大武口区	113.3	374.8	665.2
		小计	188.0	680.4	1 266.9
	合计		675.2	2 610.6	4 651.4
陕西	榆林	定边县	143.8	507.7	842.2
		靖边县	149.6	652.1	1 179.3
		小计	293.4	1 159.8	2 021.5
	延安	宝塔区	71.5	130.5	165.8
		安塞区	44.6	81.4	103.5
		吴起县	78.4	143.1	181.8
		志丹县	72.8	129.6	163.1
		小计	267.3	484.6	614.2
	合计		560.7	1 644.4	2 635.7
甘肃	庆阳	庆城县	46.6	124.0	183.3
		环县	38.6	156.6	275.0
		华池县	50.1	158.2	250.9
		合水县	26.3	113.8	205.1
		小计	161.6	552.6	914.3
	总计		1 397.5	4 807.6	8 201.4

7.1.3 建筑业和第三产业增加值预测

7.1.3.1 建筑业

现状年受水区建筑业增加值 351.4 万元,其中宁夏、陕西、甘肃分别为 319.6 万元、23.5 万元、8.3 万元。

随着城市化和工业化进程的加快,建筑业将快速发展。根据受水区相应的"十三五"

发展规划纲要及远景设想、各省（区）城市总体规划、《黄河流域水资源综合规划》、受水区相应的水资源综合规划、流域综合规划等成果，预测到 2035 年受水区建筑业增加值 1 254.6 万元。其中宁夏、陕西、甘肃分别为 1 157.1 万元、68.1 万元、29.4 万元。预测到 2050 年受水区建筑业增加值增加到 2 230.5 万元，其中宁夏、陕西、甘肃分别为 2 076.5 万元、104.9 万元、49.1 万元。受水区建筑业和第三产业增加值预测成果见表 7-7。

表 7-7　受水区建筑业和第三产业增加值预测成果　　　　　　（单位：万元）

省（区）	市级行政区	县级行政区	建筑业增加值			第三产业增加值		
			2016 年	2035 年	2050 年	2016 年	2035 年	2050 年
宁夏	吴忠市	利通区	28.4	108.3	185.4	49.1	211.8	381.5
		红寺堡区	3.1	10.6	17.2	5.1	22.0	27.9
		盐池县	12.2	34.2	49.5	24.7	122.8	234.2
		同心县东部	3.0	8.0	12.0	8.8	24.7	37.3
		青铜峡市	16.8	50.6	78.7	36.3	79.4	108.4
		小计	63.5	211.7	342.8	124.0	460.7	789.3
	银川市	兴庆区	39.1	128.2	206.3	374.3	1 131.6	1 762.6
		西夏区	54.7	179.3	288.7	133.4	346.3	507.0
		金凤区	60.5	198.3	319.2	96.4	271.5	410.9
		永宁县	27.5	93.0	151.6	41.8	113.4	249.2
		贺兰县	16.0	56.0	92.5	42.2	109.0	230.5
		灵武市	24.1	144.3	297.4	45.4	244.8	483.0
		小计	221.9	799.1	1 355.7	733.5	2 216.6	3 643.2
	石嘴山市	平罗县	12.5	105.2	264.7	43.6	136.8	337.2
		大武口区	21.7	41.1	113.3	76.5	276.8	763.7
		小计	34.2	146.3	378.0	120.1	413.6	1 100.9
	合计		319.6	1 157.1	2 076.5	977.6	3 090.9	5 533.4
陕西	榆林	定边县	0.8	2.4	3.9	66.4	523.3	1 208.8
		靖边县	2.8	9.9	16.5	74.4	572.3	1 309.0
		小计	3.6	12.3	20.4	140.8	1 095.6	2 517.8
	延安	宝塔区	11.1	33.0	50.9	159.7	359.1	409.0
		安塞区	2.2	6.4	9.9	21.8	99.9	184.3
		吴起县	3.3	9.8	15.1	22.3	63.1	95.7
		志丹县	3.3	6.6	8.6	26.4	154.2	311.7
		小计	19.9	55.8	84.5	230.2	676.3	1 000.7
	合计		23.5	68.1	104.9	371.0	1 771.9	3 518.5
甘肃	庆阳	庆城县	3.4	13.6	23.5	21.2	98.0	181.6
		环县	0.4	1.5	2.6	27.5	124.9	229.8
		华池县	4.4	14.1	22.6	12.5	48.5	83.4
		合水县	0.1	0.2	0.4	12.2	59.3	112.3
		小计	8.3	29.4	49.1	73.4	330.7	607.1
	总计		351.4	1 254.6	2 230.5	1 422.0	5 193.5	9 659.0

7.1.3.2　第三产业

现状年受水区第三产业增加值 1 422.0 万元,其中宁夏、陕西、甘肃分别为 977.6 万元、371.0 万元、73.4 万元。

随着城市化和工业化进程的加快,第三产业增加值将较快增长,根据受水区相应的"十三五"发展规划纲要及远景设想、各省(区)城市总体规划、《黄河流域水资源综合规划》、受水区水资源综合规划、流域综合规划等成果,预测到 2035 年受水区第三产业增加值将达到 5 193.5 万元,其中宁夏、陕西、甘肃分别为 3 090.9 万元、1 771.9 万元、330.7 万元。预测到 2050 年受水区第三产业增加值为 9 659.0 万元,其中宁夏、陕西、甘肃分别为 5 533.4 万元、3 517.8 万元、607.1 万元。预测成果详见表 7-7。

7.1.4　养殖业发展预测

现状年受水区牲畜养殖数量 957.9 万头(只),其中大牲畜 87.8 万头,小牲畜 870.1 万只。宁夏、陕西、甘肃受水区牲畜养殖分别为 317.3 万头(只)、466.8 万头(只)、173.8 万头(只)。

结合相关农牧业规划、受水区相应的水资源综合规划、流域综合规划等,考虑不同水平年受水区将由畜禽庭院散养和多种经营的生产方式转变为以规模化经营、标准化养殖、绿色化发展为导向的专业化、规模化、集约化养殖,预测 2035 年受水区牲畜养殖数量将达到 1 205.6 万头(只),其中大牲畜 106.0 万头,小牲畜 1 099.6 万只。宁夏受水区 2 035 年牲畜养殖 365.8 万头(只),其中大牲畜 54.9 万头,小牲畜 310.9 万只。陕西受水区 2035 年牲畜养殖 610.6 万头(只),其中大牲畜 12.0 万头,小牲畜 598.6 万只。甘肃受水区 2035 年牲畜养殖 229.2 万头(只),其中大牲畜 39.1 万头,小牲畜 190.1 万只。

预测到 2050 年,受水区牲畜养殖数量将达到 1 346.1 万头(只),其中大牲畜 113.7 万头,小牲畜 1 232.4 万只。宁夏受水区 2050 年牲畜数量 391.3 万头(只),其中大牲畜 58.8 万头,小牲畜 332.5 万只。陕西受水区 2050 年牲畜数量 708.8 头(只),其中大牲畜 12.7 万头,小牲畜 696.1 万只。甘肃受水区 2050 年牲畜数量 246 万头(只),其中大牲畜 42.2 万头,小牲畜 203.8 万只。受水区牲畜数量预测成果见表 7-8。

7.1.5　农田和林草发展规模预测

7.1.5.1　灌溉规模发展预测

在土地开发潜力分析的基础上,以可垦土地面积为基础,根据可垦土地类型、地形情况、土壤条件及其开发条件等分析土地适垦情况,并参考《黄河大柳树灌区规划研究报告》《大柳树生态灌区复核分析报告》《宁夏中南部后备土地利用现状规划研究》等报告,对大柳树生态灌区可开发面积进行分析。具体遵循原则如下:

(1)土地应集中连片,相对平整,便于耕作。

(2)可垦土地中的耕地、园地全部作为灌区可开发土地。

(3)林地及草地根据其分布区域、地形地貌、周边环境,结合植被生长特性及周边灌区土地开发情况综合分析确定。其中,林地中的有林地、草地中人工草地全部作为可垦土地资源,林地中的灌木林地、草地中的天然草地和其他草地,均按 50% 的利用率作为可垦土地资源等可垦原则。

表 7-8　受水区牲畜数量预测成果　　　　　　　[单位:万头(只)]

省(区)	市级行政区	县级行政区	大牲畜			小牲畜		
			2016 年	2035 年	2050 年	2016 年	2035 年	2050 年
宁夏	吴忠市	利通区	14.1	17.4	18.9	20.5	23.4	24.6
		红寺堡区	2.7	3.9	4.6	32.6	47.5	55.2
		盐池县	0.7	0.7	0.7	97.6	98.2	100.4
		同心县东部	4.2	6.2	7.2	39.5	57.5	66.7
		青铜峡市	2.3	2.5	2.6	4.8	5.1	5.2
		小计	24.0	30.7	34.0	195.0	231.7	252.1
	银川市	兴庆区	4.5	4.8	4.9	5.8	6.2	6.3
		西夏区	1.8	1.9	2.0	2.3	2.5	2.5
		金凤区	2.0	2.1	2.2	2.6	2.8	2.8
		永宁县	4.1	4.4	4.5	16.8	18.0	18.3
		贺兰县	5.6	6.0	6.1	12.9	13.8	14.1
		灵武市	4.2	3.4	3.5	9.1	9.8	10.0
		小计	22.2	22.6	23.2	49.5	53.1	54.0
	石嘴山市	平罗县	1.4	1.5	1.5	23.1	24.0	24.3
		大武口区	0.1	0.1	0.1	2.0	2.1	2.1
		小计	1.5	1.6	1.6	25.1	26.1	26.4
	合计		47.7	54.9	58.8	269.6	310.9	332.5
陕西	榆林	定边县	1.8	1.9	1.9	166.7	176.5	181.9
		靖边县	1.9	2.3	2.5	241.8	352.2	429.8
		小计	3.7	4.2	4.5	408.5	528.7	611.7
	延安	宝塔区	1.9	2.3	2.3	6.7	9.8	11.8
		安塞区	2.0	2.3	2.4	10.2	14.9	18.0
		吴起县	1.0	1.1	1.2	13.8	20.1	24.3
		志丹县	1.8	2.2	2.4	17.2	25.1	30.3
		小计	6.7	7.8	8.3	47.9	69.9	84.4
	合计		10.4	12.0	12.8	456.4	598.6	696.1

续表 7-8

省(区)	市级行政区	县级行政区	大牲畜			小牲畜		
			2016 年	2035 年	2050 年	2016 年	2035 年	2050 年
甘肃	庆阳	庆城县	6.7	8.4	6.4	22.6	28.3	21.6
		环县	13.6	19.2	21.9	77.3	109.2	124.6
		华池县	6.4	8.4	9.7	23.0	30.3	35.0
		合水县	3.0	3.1	4.2	21.2	22.3	22.6
		小计	29.6	39.1	42.2	144.1	190.1	203.8
总计			87.8	106.0	113.7	870.1	1 099.6	1 232.4

(4)开发应服从保护要求,灌区土地开发与自治区空间规划、生态保护红线划定方案相协调,已纳入生态保护红线管控范围(自然保护区、风景名胜区等)以及军事管理区、工业园区、交通运输用地、水域及水利设施用地、其他土地(包括其中的沙地)、城镇村及工矿用地等用地不作为可垦土地资源。

根据黄河流域生态保护和高质量发展要求,结合规划水平年供水工程规模及可供水量,设置两种灌溉规模发展方案(详见表7-9):

方案一,坚持以水定地的原则,把水资源作为最大的刚性约束,结合规划水平年可供水量,预测发展灌溉规模,近期发展灌溉面积549万亩,远期共发展灌溉面积1 083万亩。

方案二,坚持国家粮食安全和生态安全两大战略,充分发挥土地优势,在水资源节约集约利用的条件下,开发供水范围内可垦土地,近期发展灌溉面积549万亩,远期共发展灌溉面积1 969万亩。

7.1.5.2　农田规模发展预测

1.2035 年农田规模发展预测

据统计,现状年已开发农田灌溉面积123.8万亩,其中宁夏91.5万亩、陕西24.1万亩、内蒙古8.2万亩。

2035年,在已开发农田灌溉面积基础上,新增农田灌溉面积48.3万亩,其中宁夏、陕西、内蒙古分别为18.4万亩、29.8万亩、0.1万亩,受水区农田灌溉面积达到203.1万亩,其中宁夏、陕西、内蒙古分别为109.1万亩、54.0万亩、40.0万亩。成果详见表7-10和表7-11。

2.2050 年农田规模发展预测

1)方案一

2050年,在现状已有农田灌溉面积和2035年开发面积的基础上,新增农田灌溉面积177.2万亩,其中宁夏、内蒙古新增农田灌溉面积分别为60.3万亩、116.9万亩。陕西维持2035年规划面积不变,受水区农田灌溉面积达到400.0万亩,其中宁夏、陕西、内蒙古农田灌溉面积分别为189.1万亩、54.0万亩、156.9万亩。成果详见表7-10和表7-11。

表 7-9　生态灌区发展规模预测成果　　　　　　（单位:万亩）

水平年	灌区		灌溉面积					总计
			宁夏	内蒙古	陕西	甘肃	合计	
2035 年	河东灌区	自流	180	30			210	310
		扬水			100		100	
	河西灌区	自流	69				69	239
		扬水		70		100	170	
	合计	自流	249	30			279	
		扬水		70	100	100	270	549
		小计	249	100	100	100	549	
2050 年	方案一	河东灌区	自流	180	128			308	650
			扬水	242		100		342	
		河西灌区	自流	69				69	433
			扬水		264		100	364	
		合计	自流	249	128			377	
			扬水	242	264	100	100	706	1 083
			小计	491	392	100	100	1 083	
	方案二	河东灌区	自流	180	250			430	1 240
			扬水	340	170	300		810	
		河西灌区	自流	69				69	729
			扬水		560		100	660	
		合计	自流	249	250			499	
			扬水	340	730	300	100	1 470	1 969
			小计	589	980	300	100	1 969	

表 7-10 受水区新增农田灌溉面积预测成果 （单位：万亩）

省(区)	市级行政区	县级行政区	2035 年	2050 年	
				方案一	方案二
宁夏	吴忠市	红寺堡区	2.0	0.1	0.1
		盐池县	0	40.9	55.7
		同心县	0	8.1	21.3
		青铜峡市	1.6	0	0
		小计	3.6	49.1	77.1
	银川市	银川市区	2.8	0	0
		永宁县	0.7	0	0
		贺兰县	0.3	0	0
		灵武市	3.1	0	0
		小计	6.9	0	0
	中卫市	沙坡头区	1.6	0	0
		中宁县	1.5	0	0
		海原县	0	7.2	8.0
		小计	3.1	7.2	8.0
	石嘴山市	平罗县	4.8	0	0
	固原市	原州区	0	4.0	6.2
	合计		18.4	60.3	91.3
陕西	榆林	定边县	12.1	0	52.4
		靖边县	17.7	0	55.6
	合计		29.8	0	108.0
内蒙古	阿拉善盟	阿拉善左旗	0.1	77.5	196.1
	鄂尔多斯市	鄂托克旗	0	25.7	84.1
		鄂托克前旗	0	13.7	72.0
		小计	0	39.4	156.1
	合计		0.1	116.9	352.2
总计			48.3	177.2	551.5

表 7-11　受水区农田灌溉规模发展预测成果　　　　　　（单位:万亩）

省(区)	市级行政区	县级行政区	2016 年	2035 年	2050 年	
					方案一	方案二
宁夏	吴忠市	利通区	6.2	6.2	6.2	6.2
		红寺堡区	13.9	16.0	21.3	21.3
		盐池县	0	0	46.6	61.4
		同心县	0	0	9.8	23
		青铜峡市	4.4	6.0	6.0	6.0
		小计	24.5	28.2	89.9	117.9
	银川市	银川市区	7.3	9.1	9.1	9.1
		永宁县	6.7	7.4	7.4	7.4
		贺兰县	2.5	2.9	2.9	2.9
		灵武市	5.9	9.0	9.0	9.0
		小计	22.4	28.4	28.4	28.4
	中卫市	沙坡头区	11.4	13.0	13.0	13.0
		中宁县	25.4	27.0	27.0	27.0
		海原县	0	0	11.3	12.0
		小计	36.8	40.0	51.3	52.0
	石嘴山市	平罗县	7.8	12.5	12.5	12.5
	固原市	原州区	0	0	7.0	9.1
	合计		91.5	109.1	189.1	219.9
陕西	榆林	定边县	15.4	27.5	27.5	79.9
		靖边县	8.7	26.5	26.5	82.1
		小计	24.1	54.0	54.0	162.0
内蒙古	阿拉善盟	阿拉善左旗	8.2	28.0	105.5	224.1
	鄂尔多斯市	鄂托克旗	0	0	25.7	84.1
		鄂托克前旗	0	12.0	25.7	84.1
		小计	0	12.0	51.4	168.2
	合计		8.2	40.0	156.9	392.3
总计			123.8	203.1	400.0	774.2

2）方案二

2050年,农田灌溉面积774.2万亩,在已开发面积和2035年开发面积的基础上,新增农田灌溉面积551.5万亩,其中宁夏、陕西、内蒙古新增农田灌溉面积分别为91.3万亩、108.0万亩、352.2万亩。受水区农田灌溉面积达到774.2万亩,其中宁夏、陕西、内蒙古农田灌溉面积分别为219.9万亩、162.0万亩、392.3万亩。成果详见表7-10和表7-11。

7.1.5.3　生态林草灌溉规模发展预测

1. 2035年林草灌溉规模发展预测

据统计,现状年已开发林草灌溉面积128万亩,其中林地面积75.1万亩、草地面积52.9万亩。宁夏已开发林草灌溉面积94.8万亩,其中林地面积66.1万亩、草地面积28.7万亩。陕西已开发林草灌溉面积20.71万亩,其中林地面积7.2万亩、草地面积13.5万亩。内蒙古已开发林草灌溉面积12.5万亩,其中林地面积1.8万亩、草地面积10.7万亩。

预测到2035年,林草灌溉面积将达到345.6万亩,其中林地面积171.0万亩,草地面积174.6万亩。宁夏新增林草灌溉面积45.0万亩,林草灌溉面积达到139.7万亩,其中林地、草地面积分别为91.3万亩、48.4万亩;陕西新增林草面积25.4万亩,林草灌溉面积达到45.9万亩,林地、草地面积分别为15.9万亩、30.0万亩;甘肃林草灌溉面积达到100.0万亩,全部为新增,其中林地、草地面积分别为54.8万亩、45.2万亩;内蒙古新增林草灌溉面积47.6万亩,林草灌溉面积达到60.0万亩,其中林地、草地灌溉面积分别为9.0万亩、51.0万亩。成果详见表7-12和表7-13。

2. 2050年林草规模发展预测

1）方案一

预测到2050年,在2035年的基础上新增林草灌溉面积382.4万亩,达到590.4万亩,其中林地、草地灌溉面积分别为237.5万亩、352.9万亩。宁夏新增林草灌溉面积145.8万亩,达到212.5万亩,林地、草地面积分别为132.8万亩、79.7万亩;陕西、甘肃分别维持46万亩、100万亩林草灌溉面积不变;内蒙古新增林草灌溉面积236.6万亩,林地、草地灌溉面积分别为35.0万亩、200万亩。成果详见表7-12和表7-13。

2）方案二

预测到2050年,在2035年的基础上新增林草灌溉面积832.7万亩,达到1 194.5万亩,其中林地、草地灌溉面积分别为397.2万亩、797.3万亩。宁夏新增林草灌溉面积213.0万亩,达到368.8万亩,林地、草地面积分别为206.8万亩、162.0万亩;陕西新增林草灌溉面积92.1万亩,达到138.0万亩,林地、草地面积分别为47.8万亩、90.2万亩;甘肃远期维持近期100万亩林草灌溉面积不变;内蒙古新增林草灌溉527.6万亩,达到587.7万亩,林地、草地灌溉面积分别为87.8万亩、499.9万亩。成果详见表7-12和表7-13。

表 7-12　受水区不同水平年新增生态林草灌溉规模预测成果　　（单位:万亩）

省(区)	市级行政区	县级行政区	2035 年			2050 年					
						方案一			方案二		
			林地面积	草地面积	合计	林地面积	草地面积	合计	林地面积	草地面积	合计
宁夏	吴忠市	红寺堡区	2.4	2.4	4.8	0.1	0.2	0.3	0.2	0.2	0.4
		盐池县	0	0	0	48.7	48.8	97.5	65.0	65.0	130.0
		同心县	0	0	0	10.1	10.2	20.3	24.8	24.8	49.6
		青铜峡市	3.8	0.9	4.7	0	0	0	0	0	0
		小计	6.2	3.3	9.5	58.9	59.2	118.1	90.0	90.0	180.0
	银川市	银川市区	3.3	3.3	6.6	0	0	0	0	0	0
		永宁县	1.7	0.4	2.1	0	0	0	0	0	0
		贺兰县	0.7	0.2	0.9	0	0	0	0	0	0
		灵武市	3.6	3.6	7.2	0	0	0	0	0	0
		小计	9.3	7.5	16.8	0	0	0	0	0	0
	中卫市	沙坡头区	1.8	1.8	3.6	0	0	0	0	0	0
		中宁县	2.3	1.6	3.9	0	0	0	0	0	0
		海原县	0	0	0	10.4	6.8	17.2	9.3	9.3	18.6
		小计	4.1	3.4	7.5	10.4	6.8	17.2	9.3	9.3	18.6
	石嘴山市	平罗县	5.6	5.6	11.2	0	0	0	0	0	0
	固原市	原州区	0	0	0	5.2	5.3	10.5	7.2	7.2	14.4
	合计		25.2	19.8	45.0	74.5	71.3	145.8	106.5	106.5	213.0
陕西	榆林	定边县	3.6	6.7	10.3	0	0	0	15.5	29.2	44.7
		靖边县	5.2	9.9	15.1	0	0	0	16.4	31.0	47.4
	合计		8.8	16.6	25.4	0	0	0	31.9	60.2	92.1
甘肃	石羊河流域		54.8	45.2	100.0	0	0	0	0	0	0
内蒙古	阿拉善盟	阿拉善左旗	4.4	25.3	29.7	48.5	9.5	58.0	43.9	249.9	293.8
	鄂尔多斯市	鄂托克旗	0	0	0	23.6	134.4	158.0	18.8	107.1	125.9
		鄂托克前旗	2.7	15.2	17.9	3.1	17.5	20.6	16.1	91.8	107.9
		小计	2.7	15.2	17.9	26.7	151.9	178.6	34.9	198.9	233.8
	合计		7.1	40.5	47.6	75.2	161.4	236.6	78.8	448.8	527.6
总计			95.9	122.1	218	149.7	232.7	382.4	217.2	615.5	832.7

表 7-13　受水区不同水平年生态林草灌溉规模预测成果　　　　（单位:万亩）

省(区)	市级行政区	县级行政区	林地面积				草地面积			
			2016 年	2035 年	2050 年		2016 年	2035 年	2050 年	
					方案一	方案二			方案一	方案二
宁夏	吴忠市	利通区	2.8	2.8	2.8	2.8	2.3	2.3	2.3	2.3
		红寺堡区	6.3	8.7	11.2	11.2	5.1	7.4	9.5	9.5
		盐池县	0	0	39.0	67.6	0	0	29.2	67.0
		同心县东部	0	0	0	25.6	0	0	0	25.4
		青铜峡市	7.6	11.4	11.4	11.4	0.6	1.6	1.6	1.6
		小计	16.7	22.9	64.4	118.6	8.0	11.3	42.6	105.8
	银川市	银川市区	6.9	10.2	10.2	10.2	1.6	4.9	4.9	4.9
		永宁县	11.5	13.2	13.2	13.2	1.0	1.4	1.4	1.4
		贺兰县	4.4	5.1	5.1	5.1	0.4	0.5	0.5	0.5
		灵武市	2.7	6.3	6.3	6.3	2.2	5.7	5.7	5.7
		小计	25.5	34.8	34.8	34.8	5.2	12.5	12.5	12.5
	中卫市	沙坡头区	7.1	9.0	9.0	9.0	3.8	5.7	5.7	5.7
		中宁县	13.3	15.5	15.5	15.5	8.9	10.5	10.5	10.5
		海原县	0	0	0	11.2	0	0	0	10.8
		小计	20.4	24.5	24.5	35.7	12.7	16.2	16.2	27.0
	石嘴山市	平罗县	3.5	9.1	9.1	9.1	2.8	8.4	8.4	8.4
	固原市	原州区	0	0	0	8.6	0	0	0	8.3
	合计		66.1	91.3	132.8	206.8	28.7	48.4	79.7	162.0
陕西	榆林	定边县	4.6	8.1	8.8	23.6	8.6	15.3	16.5	44.5
		靖边县	2.6	7.8	6.1	24.2	4.9	14.7	11.5	45.7
		小计	7.2	15.9	14.9	47.8	13.5	30.0	28.0	90.2
甘肃	石羊河流域		0	54.8	54.8	54.8	0	45.2	45.2	45.2
内蒙古	阿拉善盟	阿拉善左旗	1.8	6.3	23.6	50.2	10.5	35.7	134.4	285.7
	鄂尔多斯市	鄂托克旗	0	0	5.7	18.8	0	0	32.8	107.1
		鄂托克前旗	0	2.7	5.7	18.8	0.2	15.3	32.8	107.1
		小计	0	2.7	11.5	37.6	0.2	15.3	65.5	214.2
	合计		1.8	9.0	35.0	87.8	10.7	51.0	200	499.9
总计			75.1	171.0	237.5	397.2	52.9	174.6	352.9	797.3

7.1.6　城镇生态环境发展指标预测

党的十九大报告指出,建设生态文明是中华民族永续发展的千年大计,将生态文明建设提高到前所未有的高度。强调必须树立和践行绿水青山就是金山银山的理念,坚持节约资源和保护环境的基本国策,像对待生命一样对待生态环境,统筹山水林田湖草系统治理,实行最严格的生态环境保护制度,形成绿色发展方式和生活方式,坚定走生产发展、生活富裕、生态良好的文明发展道路,建设美丽中国,为人民创造良好的生产生活环境,为全球生态安全做出贡献。

根据受水区内各市(县、区)城市总体规划,依据人民美好生活向往对生态环境不断提高的合理要求,近远期适当增加人均城镇绿化和环境卫生面积,同时结合前述各研究水平年人口预测成果,预测到 2035 年,受水区城镇绿化面积和环境卫生面积均为 9 541.8 万 m^2,人均城镇绿化面积和环境卫生面积均为 15 m^2;预测到 2050 年,受水区城镇绿化面积和环境卫生面积均为 12 211.0 万 m^2,人均城镇绿化面积和环境卫生面积均为 18 m^2。不同水平年城镇生态环境发展指标预测成果见表 7-14。

表 7-14　不同水平年城镇生态环境发展指标预测成果　　　　（单位:万 m^2）

省（自治区）	市级行政区	县级行政区	城镇绿化面积		环境卫生面积	
			2035 年	2050 年	2035 年	2050 年
宁夏	吴忠市	利通区	702.8	884.2	702.8	884.2
		红寺堡区	228.7	312.7	228.7	312.7
		盐池县	202.9	277.3	202.9	277.3
		同心县东部	159.7	218.3	159.7	218.3
		青铜峡市	377.0	487.4	377.0	487.4
		小计	1 671.1	2 179.9	1 671.1	2 179.9
	银川市	兴庆区	1 242.7	1 443.0	1 242.7	1 443.0
		西夏区	643.7	763.5	643.7	763.5
		金凤区	572.3	701.5	572.3	701.5
		永宁县	303.8	387.6	303.8	387.6
		贺兰县	324.3	413.7	324.3	413.7
		灵武市	402.9	510.2	402.9	510.2
		小计	3 489.7	4 219.5	3 489.7	4 219.5
	石嘴山市	平罗县	324.7	431.5	324.7	431.5
		大武口区	556.1	645.7	556.1	645.7
		小计	880.8	1 077.2	880.8	1 077.2
	合计		6 041.6	7 476.6	6 041.6	7 476.6
陕西	榆林市	定边县	494.8	637.2	494.8	637.2
		靖边县	594.8	778.9	594.8	778.9
		小计	1 089.6	1 416.1	1 089.6	1 416.1

续表 7-14

省 （自治区）	市级 行政区	县级 行政区	城镇绿化面积		环境卫生面积	
			2035 年	2050 年	2035 年	2050 年
陕西	延安	宝塔区	843.9	1 049.9	843.9	1 049.9
		安塞区	237.6	322.4	237.6	322.4
		吴起县	209.6	284.5	209.6	284.5
		志丹县	193.7	262.8	193.7	262.8
		小计	1 484.8	1 919.6	1 484.8	1 919.6
	合计		2 574.4	3 335.7	2 574.4	3 335.7
甘肃	庆阳	庆城县	299.1	439.5	299.1	439.5
		环县	315.2	501.6	315.2	501.6
		华池县	143.9	211.4	143.9	211.4
		合水县	167.6	246.2	167.6	246.2
		小计	925.8	1 398.7	925.8	1 398.7
	总计		9 541.8	12 211.0	9 541.8	12 211.0

7.2 需水预测

7.2.1 居民生活需水

根据各省（区）的行业用水定额，同时考虑到未来居民生活水平不断提高对需水的要求等，2035 年受水区城镇居民生活用水定额取 120 L/（人·d），农村居民生活用水定额取 70 L/（人·d）；2050 年生活用水水平进一步提高，城镇居民生活用水定额提高到 130 L/（人·d），农村居民生活用水定额提高到 80 L/（人·d）。

结合上述人口发展预测结果，预测到 2035 年，受水区城镇居民生活需水量为 28 468 万 m³，其中宁夏、陕西、甘肃、内蒙古分别为 17 661 万 m³、7 303 万 m³、3 315 万 m³、189 万 m³；农村居民生活需水量 4 605 万 m³，其中宁夏、陕西、甘肃、内蒙古分别为 2 333 万 m³、939 万 m³、1 160 万 m³、173 万 m³。

预测到 2050 年，受水区城镇居民生活需水量为 35 816 万 m³，其中宁夏、陕西、甘肃、内蒙古分别为 21 485 万 m³、8 777 万 m³、4 805 万 m³、749 万 m³；农村居民生活需水量 2 304 万 m³，其中宁夏、陕西、甘肃、内蒙古分别为 1 270 万 m³、431 万 m³、522 万 m³、81 万 m³。受水区居民生活需水量预测成果见表 7-15。

表 7-15　受水区居民生活需水量预测成果　　　（单位:万 m³）

省（区）	市级行政区	县级行政区	2016 年			2035 年			2050 年		
			城镇	农村	合计	城镇	农村	合计	城镇	农村	合计
宁夏	吴忠市	利通区	1 086	183	1 269	1 994	266	2 260	2 339	149	2 488
		红寺堡区	147	142	289	649	162	811	827	90	917
		盐池县	130	88	218	576	144	720	734	80	813
		同心县东部	192	207	399	453	113	566	578	63	640
		青铜峡市	407	176	583	1 070	219	1 289	1 290	140	1 430
		小计	1 962	796	2 758	4 742	904	5 646	5 768	521	6 288
	银川市	兴庆区	2 498	105	2 603	3 526	108	3 634	3 818	48	3 866
		西夏区	1 294	48	1 342	1 826	80	1 906	2 020	25	2 045
		金凤区	1 150	54	1 204	1 624	105	1 729	1 856	23	1 879
		永宁县	320	153	473	862	168	1 030	1 025	111	1 137
		贺兰县	423	155	578	920	179	1 099	1 095	119	1 214
		灵武市	413	165	578	1 143	167	1 310	1 350	92	1 442
		小计	6 098	680	6 778	9 901	807	10 708	11 164	419	11 583
	中卫市	沙坡头区	565	215	780	305	178	483	545	59	604
		中宁县	345	245	590	214	187	401	478	52	529
		海原县	221	246	467	0	0	0	548	60	608
		小计	1 131	706	1 837	519	365	884	1 571	171	1 742
	石嘴山市	平罗县	366	186	552	921	209	1 130	1 142	124	1 266
		大武口区	900	26	926	1 578	48	1 626	1 708	21	1 729
		小计	1 266	212	1 478	2 499	257	2 756	2 850	145	2 995
	固原市	原州区	391	207	598	0	0	0	132	14	146
	合计		10 848	2 601	13 449	17 661	2 333	19 944	21 485	1 270	22 755

续表 7-15

省(区)	市级行政区	县级行政区	2016年			2035年			2050年		
			城镇	农村	合计	城镇	农村	合计	城镇	农村	合计
陕西	榆林	定边县	431	345	776	1 404	273	1 677	1 686	183	1 869
		靖边县	625	280	905	1 687	246	1 933	2 012	138	2 150
		小计	1 056	625	1 681	3 091	519	3 610	3 698	321	4 019
	延安	宝塔区	1 068	206	1 274	2 394	155	2 549	2 778	35	2 813
		安塞区	239	136	375	674	98	772	853	28	881
		吴起县	230	125	355	595	87	682	753	24	777
		志丹县	236	85	321	549	80	629	695	23	718
		小计	1 773	552	2 325	4 212	420	4 632	5 079	110	5 189
	合计		2 829	1 177	4 006	7 303	939	8 242	8 777	431	9 208
甘肃	庆阳	庆城县	286	212	498	849	267	1 116	1 183	128	1 311
		环县	200	346	546	894	348	1 242	1 350	147	1 497
		华池县	129	125	254	408	128	536	569	62	631
		合水县	146	142	288	475	149	624	662	72	734
		小计	761	825	1 586	2 626	892	3 518	3 764	409	4 173
	民勤县		303	376	679	689	268	957	1 041	113	1 154
	合计		1 064	1 201	2 265	3 315	1 160	4 475	4 805	522	5 327
内蒙古	阿拉善盟	阿拉善左旗	117	27	144	129	121	250	305	33	338
	鄂尔多斯市	鄂托克旗	265	153	418	0	0	0	308	33	341
		鄂托克前旗	96	138	234	60	52	112	136	15	151
		小计	361	291	652	60	52	112	444	48	492
	合计		478	318	796	189	173	362	749	81	830
总计			15 219	5 297	20 516	28 468	4 605	33 073	35 816	2 304	38 120

7.2.2 工业需水

7.2.2.1 一般工业

一般工业需水量采用万元工业增加值用水量法进行预测。

在未来新型工业项目的推动下,随着节水技术的推广和深入,工业技术水平和用水工艺将会有较大提升,受工业用水重复利用率提高、技术进步、工业结构变化等因素的影响,工业用水定额将逐步下降,工业需水量逐步上涨。参考受水区所在各省(区)行业用水定额、"三条红线"用水效率控制指标,结合受水区各地工业用水实际等,拟定各研究水平年万元工业增加值用水量,成果见表7-16。

表 7-16　万元工业增加值用水量预测成果　　　　（单位:m³/万元）

省(区)	市级行政区	县级行政区	2016 年	2035 年	2050 年
宁夏	吴忠市	利通区	23	18	15
		红寺堡区	37	24	19
		盐池县	36	24	19
		同心县东部	27	24	19
		青铜峡市	43	27	22
		平均	33	21	17
	银川市	兴庆区	35	28	22
		西夏区	35	28	22
		金凤区	35	28	22
		永宁县	29	28	22
		贺兰县	18	18	16
		灵武市	41	28	22
		平均	38	26	21
	石嘴山市	平罗县	19	17	15
		大武口区	21	19	17
		平均	20	18	16
	平均		31	25	20

续表 7-16

省（区）	市级行政区	县级行政区	2016 年	2035 年	2050 年
陕西	榆林	定边县	5	5	5
		靖边县	8	8	8
		平均	6	6	6
	延安	宝塔区	21	16	15
		安塞区	12	10	10
		吴起县	9	8	8
		志丹县	14	12	11
		平均	15	12	11
	平均		9	8	7
甘肃	庆阳	庆城县	28	28	22
		环县	22	22	21
		华池县	21	21	20
		合水县	22	22	21
		平均	23	23	21
	受水区平均		24	19	16

根据工业增加值预测成果和规划水平年工业用水定额，预测 2035 年受水区一般工业需水量为 90 167 万 m³，其中宁夏、陕西、甘肃分别为 64 425 万 m³、12 999 万 m³、12 743 万 m³；2050 年受水区一般工业需水量为 133 115 万 m³，其中宁夏、陕西、甘肃分别为 94 381 万 m³、19 590 万 m³、19 144 万 m³。成果见表 7-17。

7.2.2.2 能源化工工业

受水区能源化工基地有 2 处，分别是宁夏的宁东能源化工基地和内蒙古的上海庙能源化工基地，现状用水量分别为 15 271 万 m³ 和 390 万 m³。

根据国家能源战略，未来调整能源输出结构，淘汰能耗高、污染重的落后产能，促进煤电清洁高效发展增加电力，即减少原煤输出量，增加油气输出，加大现代煤化工发展规模，生产石油替代产品。考虑未来技术提高，工业用水定额降低，同时考虑受水资源承载能力限制，以及以水定产的新时期治水思路，本次 2035 年能源化工基地工业考虑按产品年均增长率3.25%的用水需求,2050年考虑按产品年均增长率1.07%的用水需求。成果见表7-17。

表7-17　受水区不同水平年工业需水量预测成果　　　　（单位:万 m³）

省(区)	市级行政区	县级行政区	2016 年	2035 年	2050 年
宁夏	吴忠市	利通区	1 588	10 321	15 415
		红寺堡区	868	2 031	2 587
		盐池县	62	554	702
		同心县东部	26	277	320
		青铜峡市	2 731	6 261	8 392
		小计	5 275	19 444	27 416
	银川市	兴庆区	1 958	5 864	7 974
		西夏区	3 733	11 181	15 205
		金凤区	1 236	3 704	5 036
		永宁县	1 205	4 468	6 156
		贺兰县	1 099	4 286	6 731
		灵武市	15 600	3 162	5 528
		小计	24 831	32 665	46 630
	石嘴山市	平罗县	1 429	5 196	9 026
		大武口区	2 415	7 120	11 309
		小计	3 844	12 316	20 335
	宁东能源化工基地		15 271	35 000	42 300
	合计		49 221	99 425	136 681
陕西	榆林	定边县	445	2 331	3 867
		靖边县	840	4 929	8 914
		小计	1 285	7 260	12 781

续表 7-17

省(区)	市级行政区	县级行政区	2016 年	2035 年	2050 年
陕西	延安	宝塔区	1 817	2 078	2 508
		安塞区	520	855	1 032
		吴起县	700	1 214	1 466
		志丹县	993	1 592	1 803
		小计	4 030	5 739	6 809
	合计		5 315	12 999	19 590
甘肃	庆阳	庆城县	1 321	3 471	4 105
		环县	834	3 446	5 748
		华池县	1 044	3 323	5 005
		合水县	568	2 503	4 286
		小计	3 767	12 743	19 144
内蒙古	上海庙能源化工基地		390	4 106	5 220
总计			58 693	129 273	180 635

7.2.3 建筑业和第三产业需水

随着节水技术的提高,城镇管网漏失率的减少,到 2035 年和 2050 年建筑业和第三产业用水定额在现状基础上进一步下降,参考受水区所在各省(区)行业用水定额,结合受水区各地用水实际,拟定各研究水平年各县(区)建筑业和第三产业需水定额成果,见表 7-18。

根据建筑业增加值预测成果和建筑业用水定额,预测 2035 年受水区建筑业需水量为 4 536 万 m³,其中宁夏、陕西、甘肃分别为 4 057 万 m³、341 万 m³、138 万 m³;2050 年受水区建筑业需水量 7 714 万 m³,其中宁夏、陕西、甘肃分别为 7 020 万 m³、472 万 m³、222 万 m³。成果见表 7-19。

根据第三产业增加值预测成果和第三产业用水定额,预测 2035 年受水区第三产业需水量 16 395 万 m³,其中宁夏、陕西、甘肃分别为 11 862 万 m³、2 979 万 m³、1 554 万 m³;2050 年受水区第三产业需水量 28 257 万 m³,其中宁夏、陕西、甘肃分别为 19 998 万 m³、5 528 万 m³、2 731 万 m³。成果见表 7-19。

表 7-18 受水区建筑业和第三产业需水定额成果 （单位：万 m³）

省（区）	市级行政区	县级行政区	建筑业			第三产业		
			2016 年	2035 年	2050 年	2016 年	2035 年	2050 年
宁夏	吴忠市	利通区	3.1	3.1	3.0	8.5	4.0	3.8
		红寺堡区	3.8	3.7	3.5	4.6	4.0	3.8
		盐池县	4.1	4.0	3.9	2.0	2.0	2.0
		同心县东部	2.2	2.2	2.1	3.5	3.5	3.3
		青铜峡市	4.0	3.9	3.8	4.5	4.1	3.8
		平均	3.6	3.4	3.3	6.1	3.5	4.2
	银川市	兴庆区	3.5	3.4	3.4	4.5	4.0	3.8
		西夏区	3.5	3.4	3.4	4.5	4.0	3.8
		金凤区	3.5	3.4	3.4	4.5	4.0	3.8
		永宁县	4.0	3.9	3.8	3.5	3.5	3.3
		贺兰县	4.0	3.9	3.8	3.5	3.5	3.3
		灵武市	3.5	3.4	3.4	4.5	4.0	3.8
		平均	3.8	3.5	3.4	4.1	3.9	3.7
	石嘴山市	平罗县	3.5	3.4	3.4	4.5	4.0	3.8
		大武口区	4.0	3.9	3.8	3.5	3.5	3.3
		平均	3.8	3.6	3.4	3.9	3.7	3.5
	平均		3.6	3.5	3.4	4.0	3.8	3.6
陕西	榆林	定边县	16.4	5.0	4.5	1.1	1.1	1.1
		靖边县	17.9	5.0	4.5	1.5	1.5	1.4
		平均	16.8	5.0	4.5	1.3	1.3	1.3
	延安	宝塔区	13.5	5.0	4.5	2.0	2.0	2.0
		安塞区	14.4	5.0	4.5	2.9	2.9	2.9
		吴起县	18.2	5.0	4.5	3.1	3.1	3.1
		志丹县	14.4	5.0	4.5	2.1	2.1	2.1
		平均	16.0	5.0	4.5	2.2	2.3	2.3
	平均		16.4	5.0	4.5	4.0	1.7	1.6

续表 7-18

省（区）	市级行政区	县级行政区	建筑业			第三产业		
			2016 年	2035 年	2050 年	2016 年	2035 年	2050 年
甘肃	庆阳	庆城县	9.9	4.7	4.5	8.5	4.7	4.5
		环县	8.6	4.7	4.5	7.3	4.7	4.5
		华池县	8.8	4.7	4.5	7.5	4.7	4.5
		合水县	9.5	4.7	4.5	6.6	4.7	4.5
		平均	8.9	4.7	4.5	7.6	4.7	4.5
受水区平均			9.6	3.6	3.5	5.0	4.2	2.9

表 7-19　受水区建筑业和第三产业需水量预测成果　　　　（单位：万 m³）

省（区）	市级行政区	县级行政区	2016 年		2035 年		2050 年	
			建筑业	第三产业	建筑业	第三产业	建筑业	第三产业
宁夏	吴忠市	利通区	89	419	333	847	558	1 450
		红寺堡区	12	57	39	88	61	106
		盐池县	50	50	133	248	195	464
		同心县东部	16	74	17	86	25	124
		青铜峡市	33	157	199	321	302	417
		小计	200	757	721	1 590	1 141	2 561
	银川市	兴庆区	117	780	440	4 527	693	6 698
		西夏区	163	1 091	615	1 385	970	1 927
		金凤区	181	1 206	680	1 086	1 073	1 561
		永宁县	30	199	364	397	583	829
		贺兰县	39	264	220	382	355	767
		灵武市	39	257	495	979	1 000	1 835
		小计	569	3 797	2 814	8 756	4 674	13 617
	石嘴山市	平罗县	19	164	361	547	991	1 281
		大武口区	47	403	161	969	214	2 539
		小计	66	567	522	1 516	1 205	3 820
合计			835	5 121	4 057	11 862	7 020	19 998

续表 7-19

省（区）	市级行政区	县级行政区	2016 年		2035 年		2050 年	
			建筑业	第三产业	建筑业	第三产业	建筑业	第三产业
陕西	榆林	定边县	13	76	12	599	17	1 356
		靖边县	50	110	50	847	74	1 898
		小计	63	186	62	1 446	91	3 254
	延安	宝塔区	150	319	165	717	229	800
		安塞区	31	64	32	293	45	530
		吴起县	60	70	49	198	68	295
		志丹县	48	56	33	325	39	649
		小计	289	509	279	1 533	381	2 274
	合计		352	695	341	2 979	472	5 528
甘肃	庆阳	庆城县	34	180	64	460	106	817
		环县	3	200	7	587	12	1 034
		华池县	38	94	66	228	102	375
		合水县	1	80	1	279	2	505
		小计	76	554	138	1 554	222	2 731
总计			1 263	6 370	4 536	16 395	7 714	28 257

7.2.4　牲畜养殖需水

根据各省（区）行业用水定额标准，大牲畜需水定额取 50 L/（头·d），小牲畜需水定额取 15 L/[头（只）·d]。结合受水区养殖规模发展预测，预测 2035 年牲畜需水量为 8 400 万 m³，其中宁夏、陕西、甘肃牲畜需水量分别为 3 151 万 m³、3 494 万 m³、1 755 万 m³；2050 年牲畜需水量 9 261 万 m³，其中宁夏、陕西、甘肃牲畜需水量分别为 3 350 万 m³、4 043 万 m³、1 868 万 m³。受水区牲畜需水量预测成果见表 7-20。

7.2.5　农田灌溉需水

根据各省（区）行业用水定额标准和"三条红线"用水效率控制指标，结合当地灌溉习惯，考虑受水区水资源紧缺情况，主要采取喷灌、微灌等高效节水灌溉方式，综合拟定农作物的灌溉定额，其中灌区主要农作物需水定额见表 7-21。

表 7-20 受水区牲畜需水量预测成果 （单位:万 m³）

省(区)	市级行政区	县级行政区	2016 年	2035 年	2050 年
宁夏	吴忠市	利通区	417	446	481
		红寺堡区	175	332	386
		盐池县	424	550	563
		同心县东部	243	427	496
		青铜峡市	64	74	75
		小计	1 323	1 829	2 001
	银川市	兴庆区	94	122	124
		西夏区	38	49	50
		金凤区	42	54	55
		永宁县	116	178	182
		贺兰县	129	185	189
		灵武市	172	116	118
		小计	591	704	718
	石嘴山市	平罗县	56	193	197
		大武口区	130	425	434
		小计	186	618	631
	合计		2 100	3 151	3 350
陕西	榆林	定边县	290	1 001	1 031
		靖边县	356	1 970	2 399
		小计	646	2 971	3 430
	延安	宝塔区	79	93	106
		安塞区	73	123	143
		吴起县	78	130	154
		志丹县	154	177	210
		小计	384	523	613
	合计		1 030	3 494	4 043
甘肃	庆阳	庆城县	192	307	235
		环县	468	949	1 083
		华池县	196	320	369
		合水县	177	179	181
		小计	1 033	1 755	1 868
总计			4 163	8 400	9 261

表 7-21　灌区主要农作物需水定额 （单位：m³/亩）

作物	小麦	玉米	马铃薯	油料	药材	瓜菜	枸杞	葡萄
定额	290	185	95	180	100	160	270	260

注：表中作物需水定额是包括冬灌和作物全生育期内的灌溉净定额，高效节灌的灌溉保证率为85%。

随着节水工程与非工程措施的逐步实施，农田灌溉水利用系数将不断提高，农田灌溉定额将进一步降低，灌区农田灌溉毛定额见表 7-22。

表 7-22　灌区农田灌溉毛定额 （单位：万 m³）

省（区）	市级行政区	2016 年	2035 年	2050 年
宁夏	吴忠市	394	281	216
	银川市	394	360	305
	中卫市	394	360	310
	石嘴山市	394	260	240
	固原市	394	260	240
	平均	394	328	252
陕西	榆林	363	255	235
内蒙古	阿拉善盟	420	300	250
	鄂尔多斯市	420	340	280
	平均	420	312	263
平均		389	306	254

7.2.5.1　2035 年需水量

根据农田灌溉面积发展规模和设计的灌溉定额，预测 2035 年受水区农田灌溉需水量为 62 051 万 m³，其中宁夏、陕西、内蒙古三省（区）农田灌溉需水量分别为 35 792 万 m³、13 771 万 m³、12 488 万 m³。需水量预测成果见表 7-23。

7.2.5.2　2050 年需水量

方案一，2050 年受水区农田灌溉需水量为 102 057 万 m³，其中宁夏、陕西、内蒙古三省（区）农田灌溉需水量分别为 48 847 万 m³、12 450 万 m³、40 760 万 m³。需水量预测成果见表 7-23。

方案二，2050 年受水区农田灌溉需水量为 196 636 万 m³，其中宁夏、陕西、内蒙古三省（区）农田灌溉需水量分别为 55 482 万 m³、38 049 万 m³、103 105 万 m³。需水量预测成果见表 7-23。

表 7-23 灌区农田灌溉需水量预测成果　（单位:万 m³）

省(区)	市级行政区	县级行政区	2016 年	2035 年	2050 年	
					方案一	方案二
宁夏	吴忠市	利通区	2 453	1 619	1 494	1 494
		红寺堡区	5 483	4 148	4 482	4 482
		盐池县	0	0	9 785	12 891
		同心县东部	0	0	2 049	4 822
		青铜峡市	1 750	2 167	1 833	1 833
		小计	9 686	7 934	19 643	25 522
	银川市	银川市区	2 486	3 284	2 778	2 779
		永宁县	2 642	2 670	2 259	2 259
		贺兰县	1 003	1 027	869	869
		灵武市	2 330	3 236	2 738	2 738
		小计	8 461	10 217	8 644	8 645
	中卫市	沙坡头区	4 494	4 677	4 027	4 027
		中宁县	10 017	9 707	8 358	8 358
		海原县	0	0	3 492	3 729
		小计	14 511	14 384	15 877	16 114
	石嘴山市	平罗县	3 058	3 257	3 007	3 007
	固原市	原州区	0	0	1 676	2 194
	合计		35 716	35 792	48 847	55 482
陕西	榆林	定边县	5 605	7 158	6 366	19 176
		靖边县	3 175	6 613	6 084	18 873
		小计	8 780	13 771	12 450	38 049
内蒙古	阿拉善盟	阿拉善左旗	3 446	8 405	26 370	56 035
	鄂尔多斯市	鄂托克旗	0	0	7 195	23 535
		鄂托克前旗	0	4 083	7 195	23 535
		小计	0	4 083	14 390	47 070
	合计		3 446	12 488	40 760	103 105
总计			47 942	62 051	102 057	196 636

7.2.6 生态林草需水量

河道外生态环境需水量包括生态林草需水量和城镇生态环境需水量两部分,其中,城镇生态环境需水量包括城镇绿化、城市环卫、河湖补水等。

随着节水工程与非工程措施的不断实施,灌溉水利用系数将逐步提高,生态林草灌溉定额将进一步降低,拟定 2035 年受水区生态林草灌溉毛定额为 220 m³/亩,2050 年进一步降低到 180 m³/亩。

7.2.6.1 2035 年需水量

根据受水区生态林草灌溉面积发展规模和设计的灌溉定额,预测 2035 年受水区生态林草灌溉需水量为 76 049 万 m³,其中宁夏、陕西、甘肃、内蒙古四省(区)林草灌溉需水量分别为 30 732 万 m³、10 123 万 m³、22 000 万 m³、13 194 万 m³。

7.2.6.2 2050 年需水量

方案一,2050 年受水区林草灌溉需水量为 122 730 万 m³,其中宁夏、陕西、甘肃、内蒙古四省(区)生态林草灌溉需水量分别为 54 291 万 m³、8 128 万 m³、18 000 万 m³、42 311 万 m³。成果见表 7-24。

方案二,2050 年受水区林草灌溉需水量为 215 024 万 m³,其中宁夏、陕西、甘肃、内蒙古四省(区)生态林草灌溉需水量分别为 66 381 万 m³、24 848 万 m³、18 000 万 m³、105 795 万 m³。

2035 年和 2050 年生态林草需水量预测成果见表 7-24。

7.2.7 城镇生态需水量

城镇生态需水量包含城镇绿化水量、环境卫生和河湖补水,本次考虑河湖补水延用现状供水水源、供水工程,规划水平年维持现状 13 752 万 m³ 补水量不变,故该部分水量不纳入本次城镇生态需水量中。

未来人民美好生活向往对生态环境的要求将不断提高,根据《室外给水设计规范》(GB 50013—2006),浇洒绿地用水可按浇洒面积以 1.0~3.0 L/(m²·d)计算,浇洒道路用水可按浇洒面积以 2.0~3.0 L/(m²·d)计算。据此,2035 年受水区城镇绿化、环境卫生用水定额分别采用 2.0 L/(m²·d)、2.5 L/(m²·d);2050 年城镇绿化、环境卫生用水定额分别采用 2.5 L/(m²·d)、3.0 L/(m²·d)。

根据城镇生态环境发展指标预测成果和设计的需水定额,计算得 2035 年受水区城镇生态环境需水量为 15 670 万 m³,城镇绿化、环境卫生分别为 6 965 万 m³、8 705 万 m³。其中,宁夏、陕西、甘肃三省(区)城镇生态环境需水量分别为 9 922 万 m³、4 228 万 m³、1 520 万 m³。2050 年受水区城镇生态环境需水量为 24 513 万 m³,城镇绿化、环境卫生分别为 11 142 万 m³、13 371 万 m³。其中,宁夏、陕西、甘肃三省(区)城镇生态环境需水量分别为 15 009 万 m³、6 697 万 m³、2 807 万 m³。成果见表 7-25。

表 7-24 受水区生态林草需水量预测成果 （单位：万 m³）

省（区）	市级行政区	县级行政区	2016 年	2035 年	2050 年	
					方案一	方案二
宁夏	吴忠市	利通区	1 223	1 121	917	917
		红寺堡区	2 732	3 550	3 735	3 735
		盐池县	0	0	18 391	24 230
		同心县东部	0	0	3 905	9 187
		青铜峡市	1 980	2 856	2 337	2 337
		小计	5 935	7 527	29 285	40 406
	银川市	银川市区	2 040	3 313	2 711	2 711
		永宁县	2 989	3 208	2 625	2 625
		贺兰县	1 134	1 243	1 017	1 017
		灵武市	1 161	2 643	2 162	2 162
		小计	7 324	10 407	8 515	8 515
	中卫市	沙坡头区	2 626	3 221	2 635	2 635
		中宁县	5 332	5 733	4 690	4 690
		海原县	0	0	3 702	3 955
		小计	7 958	8 954	11 027	11 280
	石嘴山市	平罗县	1 524	3 844	3 145	3 145
	固原市	原州区	0	0	2 319	3 035
	合计		22 741	30 732	54 291	66 381
陕西	榆林	定边县	3 158	5 163	4 069	12 258
		靖边县	1 789	4 960	4 059	12 590
		小计	4 947	10 123	8 128	24 848
甘肃	民勤县		0	22 000	18 000	18 000
内蒙古	阿拉善盟	阿拉善左旗	2 951	9 236	28 449	60 455
	鄂尔多斯市	鄂托克旗	0	0	6 931	22 670
		鄂托克前旗	0	3 958	6 931	22 670
		小计	0	3 958	13 862	45 340
	合计		2 951	13 194	42 311	105 795
总计			30 639	76 049	122 730	215 024

表 7-25　受水区城镇生态需水量预测成果　　　　　　（单位:万 m³）

省(区)	市级行政区	县级行政区	2016 年	2035 年	2050 年
宁夏	吴忠市	利通区	135	1 154	1 775
		红寺堡区	18	376	628
		盐池县	310	333	557
		同心县东部	24	262	438
		青铜峡市	51	619	978
		小计	538	2 744	4 376
	银川市	兴庆区	429	2 041	2 897
		西夏区	222	1 057	1 533
		金凤区	197	940	1 408
		永宁县	55	499	778
		贺兰县	73	533	831
		灵武市	71	662	1 024
		小计	1 047	5 732	8 471
	石嘴山市	平罗县	125	533	866
		大武口区	308	913	1 296
		小计	433	1 446	2 162
	合计		2 018	9 922	15 009
陕西	榆林	定边县	284	813	1 279
		靖边县	365	977	1 564
		小计	649	1 790	2 843
	延安	宝塔区	272	1 386	2 108
		安塞区	9	390	647
		吴起县	20	344	571
		志丹县	20	318	528
		小计	321	2 438	3 854
	合计		970	4 228	6 697
甘肃	庆阳	庆城县	1	491	882
		环县	1	518	1 007
		华池县	1	236	424
		合水县	2	275	494
		小计	5	1 520	2 807
总计			2 993	15 670	24 513

7.2.8　总需水量

7.2.8.1　2035 年总需水量

2035 年受水区总需水量约为 34.5 亿 m³,其中宁夏、陕西、甘肃、内蒙古四省(区)总需水量分别约为 21.5 亿 m³、5.6 亿 m³、4.4 亿 m³、3.0 亿 m³。成果见表 7-26。

表 7-26　2035 年总需水量预测成果　　　　　　（单位:万 m³）

省(区)	市级行政区	县级行政区	城镇居民生活	农村居民生活	工业	建筑业、第三产业	农田	牲畜	生态林草	城镇生态	合计
宁夏	吴忠市	利通区	1 994	266	10 321	1 180	1 619	446	1 121	1 154	18 101
		红寺堡区	649	162	2 031	128	4 148	332	3 550	376	11 376
		盐池县	576	144	554	381	0	550	0	333	2 538
		同心县东部	453	113	277	104	0	427	0	262	1 636
		青铜峡市	1 070	219	6 261	520	2 167	74	2 856	619	13 786
		小计	4 742	904	19 444	2 313	7 934	1 829	7 527	2 744	47 437
	银川市	兴庆区	3 526	108	5 864	4 966	2 127	122	2 000	2 041	20 754
		西夏区	1 826	80	11 181	2 000	1 157	49	1 313	1 057	18 663
		金凤区	1 624	105	3 704	1 766	0	54	0	940	8 193
		永宁县	862	168	4 468	761	2 670	178	3 208	499	12 814
		贺兰县	920	179	4 286	601	1 027	185	1 243	533	8 974
		灵武市	1 143	167	3 162	1 474	3 236	116	2 643	662	12 603
		小计	9 901	807	32 665	11 568	10 217	704	10 407	5 732	82 001
	中卫市	沙坡头区	305	178	0	0	4 677	0	3 221	0	8 381
		中宁县	214	187	0	0	9 707	0	5 733	0	15 841
		海原县	0	0	0	0	0	0	0	0	0
		小计	519	365	0	0	14 384	0	8 954	0	24 222
	石嘴山市	平罗县	921	209	5 196	908	3 257	193	3 844	533	15 061
		大武口区	1 578	48	7 120	1 130	0	425	0	913	11 214
		小计	2 499	257	12 316	2 038	3 257	618	3 844	1 447	26 277
	固原市	原州区	0	0	0	0	0	0	0	0	0
	宁东能源化工基地		0	0	35 000	0	0	0	0	0	35 000
	合计		17 661	2 333	99 425	15 919	35 792	3 151	30 732	9 922	214 935

续表 7-26

省(区)	市级行政区	县级行政区	城镇生活	农村生活	工业	建筑业、第三产业	农田	牲畜	生态林草	城镇生态	合计
陕西	榆林	定边县	1 404	273	2 331	611	7 158	1 001	5 163	813	18 754
		靖边县	1 687	246	4 929	897	6 613	1 970	4 960	977	22 279
		小计	3 091	519	7 260	1 508	13 771	2 971	10 123	1 790	41 033
	延安	宝塔区	2 394	155	2 078	882	0	93	0	1 386	6 988
		安塞区	674	98	855	325	0	123	0	390	2 465
		吴起县	595	87	1 214	247	0	130	0	344	2 617
		志丹县	549	80	1 592	358	0	177	0	318	3 074
		小计	4 212	420	5 739	1 812	0	523	0	2 438	15 144
	合计		7 303	939	12 999	3 320	13 771	3 494	10 123	4 228	56 177
甘肃	庆阳	庆城县	849	267	3 471	524	0	307	0	491	5 909
		环县	894	348	3 446	594	0	949	0	518	6 749
		华池县	408	128	3 323	294	0	320	0	236	4 709
		合水县	475	149	2 503	280	0	179	0	275	3 861
		小计	2 626	892	12 743	1 692	0	1 755	0	1 520	21 228
	民勤县		689	268	0	0	0	0	22 000	0	22 957
	合计		3 315	1 160	12 743	1 692	0	1 755	22 000	1 520	44 185
内蒙古	阿拉善盟	阿拉善左旗	129	121	0	0	8 405	0	9 236	0	17 891
	鄂尔多斯市	鄂托克旗	0	0	0	0	0	0	0	0	0
		鄂托克前旗	60	52	4 106	0	4 083	0	3 958	0	12 259
		小计	60	52	4 106	0	4 083	0	3 958	0	12 259
	合计		189	173	4 106	0	12 488	0	13 194	0	30 150
总计			28 468	4 605	129 273	20 931	62 051	8 400	76 049	15 670	345 447

7.2.8.2　2050 年需水量

　　方案一,2050 年受水区总需水量约为 51.3 亿 m^3,其中宁夏、陕西、甘肃、内蒙古四省(区)总需水量分别约为 30.8 亿 m^3、6.6 亿 m^3、5.0 亿 m^3、8.9 亿 m^3。成果见表 7-27。

表7-27　2050年总需水量预测成果(方案一)　　　(单位:万m³)

省(区)	市级行政区	县级行政区	城镇居民生活	农村居民生活	工业	建筑业、第三产业	农田	牲畜	生态林草	城镇生态	合计
宁夏	吴忠市	利通区	2 339	149	15 415	2 008	1 494	481	917	1 775	24 578
		红寺堡区	827	90	2 587	167	4 482	386	3 735	628	12 902
		盐池县	734	80	702	659	9 785	563	18 391	557	31 471
		同心县东部	578	63	320	149	2 049	496	3 905	438	7 998
		青铜峡市	1 290	140	8 392	719	1 833	75	2 337	978	15 764
		小计	5 768	522	27 416	3 702	19 643	2 001	29 285	4 376	92 713
	银川市	银川市区	7 694	97	28 215	12 922	2 778	229	2 711	5 838	60 484
		永宁县	1 025	111	6 156	1 412	2 259	182	2 625	778	11 973
		贺兰县	1 095	119	6 731	1 122	869	189	1 017	831	11 971
		灵武市	1 350	92	5 528	2 835	2 738	118	2 162	1 024	102 852
		小计	11 164	419	46 630	12 891	8 644	718	8 515	8 471	102 850
	中卫市	沙坡头区	545	59	0	0	4 027	0	2 635	0	7 266
		中宁县	478	52	0	0	8 358	0	4 690	0	13 578
		海原县	548	60	0	0	3 492	0	3 702	0	7 802
		小计	1 571	171	0	0	15 877	0	11 027	0	28 646
	石嘴山市	平罗县	1 142	124	9 026	2 272	3 007	197	3 145	866	19 779
		大武口区	1 708	21	11 309	2 753	0	434	0	1 296	17 521
		小计	2 850	145	20 335	5 025	3 007	631	3 145	2 162	37 300
	固原市	原州区	132	14	0	0	1 676	0	2 319	0	4 141
	宁东能源化工基地		0	0	42 300	0	0	0	0	0	42 300
	合计		21 485	1 271	136 681	27 018	48 847	3 350	54 291	15 009	307 952
陕西	榆林	定边县	1 686	183	3 867	1 373	6 366	1 031	4 069	1 279	19 854
		靖边县	2 012	138	8 914	1 972	6 084	2 399	4 059	1 564	27 142
		小计	3 698	321	12 781	3 345	12 450	3 430	8 128	2 843	46 996
	延安	宝塔区	2 778	35	2 508	1 029	0	106	0	2 108	8 564
		安塞区	853	28	1 032	575	0	143	0	647	3 278
		吴起县	753	24	1 466	363	0	154	0	571	3 331
		志丹县	695	23	1 803	688	0	210	0	528	3 947
		小计	5 079	110	6 809	2 655	0	613	0	3 854	19 120
	合计		8 777	431	19 590	6 000	12 450	4 043	8 128	6 697	66 116

续表 7-27

省(区)	市级行政区	县级行政区	城镇居民生活	农村居民生活	工业	建筑业、第三产业	农田	牲畜	生态林草	城镇生态	合计
甘肃	庆阳	庆城县	1 183	128	4 105	923	0	235	0	882	7 456
		环县	1 350	147	5 748	1 046	0	1 083	0	1 007	10 381
		华池县	569	62	5 005	477	0	369	0	424	6 906
		合水县	662	72	4 286	507	0	181	0	494	6 202
		小计	3 764	409	19 144	2 953	0	1 868	0	2 807	30 945
	民勤县		1 041	113	0	0	0	0	18 000	0	19 154
	合计		4 805	522	19 144	2 953	0	1 868	18 000	2 807	50 099
内蒙古	阿拉善盟	阿拉善左旗	305	33	0	0	26 370	0	28 449	0	55 157
	鄂尔多斯市	鄂托克旗	308	33	0	0	7 195	0	6 931	0	14 467
		鄂托克前旗	136	15	5 220	0	7 195	0	6 931	0	19 497
		小计	444	48	5 220	0	14 390	0	13 862	0	33 964
	合计		749	81	5 220	0	40 760	0	42 311	0	89 121
总计			35 816	2 305	180 635	35 971	102 057	9 261	122 730	24 513	513 288

方案二,2050 年受水区总需水量约为 70.0 亿 m³,其中宁夏、陕西、甘肃、内蒙古四省(区)总需水量分别为 32.7 亿 m³、10.8 亿 m³、5.0 亿 m³、21.5 亿 m³。成果见表 7-28。

7.2.9　需水量合理性分析

需水预测结果表明,由于人口的增长以及经济的快速发展,受水区需水量逐步增加,由基准年 2016 年的 17.27 亿 m³ 增加到 2035 年的 34.54 亿 m³。2050 年,方案一需水量增加到 51.33 亿 m³,方案二需水量增加到 70.02 亿 m³。受水区不同水平年不同行业需水量汇总见表 7-29。

城镇生活用水定额由基准年的 86 L/(人·d)增加到 2035 年的 120 L/(人·d)和 2050 年的 130 L/(人·d),需水量由基准年的 2.29 亿 m³ 分别增加到 2035 年的 4.93 亿 m³ 和 2050 年的 7.18 亿 m³,随着城镇化率和人民生活水平的逐步提高,城镇生活用水定额和需水量呈增长趋势;农村生活用水定额由基准年的 44 L/(人·d)增加到 2035 年的 70 L/(人·d)和 2050 年的 80 L/(人·d),需水量由基准年的 0.53 亿 m³ 降低到 2035 年的 0.46 亿 m³ 和 2050 年的 0.23 亿 m³,随着农村人口逐步进入城镇,农村生活需水量呈降低趋势。预测的城乡生活用水定额和城镇需水量的不断增加是合理的,满足人民对美好生活向往的水资源需求。

表 7-28　2050 年总需水量预测成果（方案二）　　　（单位：万 m³）

省（区）	市级行政区	县级行政区	城镇生活	农村生活	工业	建筑业、第三产业	农田	牲畜	生态林草	城镇生态	合计
宁夏	吴忠市	利通区	2 339	149	15 415	2 008	1 494	481	917	1 775	24 578
		红寺堡区	827	90	2 587	167	4 482	386	3 735	628	12 902
		盐池县	734	80	702	659	12 891	563	24 230	557	40 416
		同心县东部	578	63	320	149	4 822	496	9 187	438	16 053
		青铜峡市	1 290	140	8 392	719	1 833	75	2 337	978	15 764
		小计	5 768	522	27 416	3 702	25 522	2 001	40 406	4 376	109 713
	银川市	银川市区	7 694	97	28 215	12 922	2 778	229	2 711	5 838	60 484
		永宁县	1 025	111	6 156	1 412	2 259	182	2 625	778	14 548
		贺兰县	1 095	119	6 731	1 122	869	189	1 017	831	11 973
		灵武市	1 350	92	5 528	2 835	2 738	118	2 162	1 024	15 847
		小计	11 164	419	46 630	18 291	8 644	718	8 515	8 471	102 852
	中卫市	沙坡头区	545	59	0	0	4 027	0	2 635	0	7 266
		中宁县	478	52	0	0	8 358	0	4 690	0	13 578
		海原县	548	60	0	0	3 729	0	3 955	0	8 292
		小计	1 571	171	0	0	16 114	0	11 280	0	29 136
	石嘴山市	平罗县	1 142	124	9 026	2 272	3 007	197	3 145	866	19 779
		大武口区	1 708	21	11 309	2 753	0	434	0	1 296	17 521
		小计	2 850	145	20 335	5 025	3 007	631	3 145	2 162	37 300
	固原市	原州区	132	14	0	0	2 194	0	3 035	0	5 375
	宁东能源化工基地		0	0	42 300	0	0	0	0	0	42 300
	合计		21 485	1 271	136 681	27 018	55 481	3 350	66 381	15 009	326 676

续表 7-28

省（区）	市级行政区	县级行政区	城镇生活	农村生活	工业	建筑业、第三产业	农田	牲畜	生态林草	城镇生态	合计
陕西	榆林	定边县	1 686	183	3 867	1 373	19 176	1 031	12 258	1 279	40 853
		靖边县	2 012	138	8 914	1 972	18 873	2 399	12 590	1 564	48 462
		小计	3 698	321	12 781	3 345	38 049	3 430	24 848	2 843	89 315
	延安	宝塔区	2 778	35	2 508	1 029	0	106	0	2 108	8 564
		安塞区	853	28	1 032	575	0	143	0	647	3 278
		吴起县	753	24	1 466	363	0	154	0	571	3 331
		志丹县	695	23	1 803	688	0	210	0	528	3 947
		小计	5 079	110	6 809	2 655	0	613	0	3 854	19 120
	合计		8 777	431	19 590	6 000	38 049	4 043	24 848	6 697	108 435
甘肃	庆阳	庆城县	1 183	128	4 105	923	0	235	0	882	7 456
		环县	1 350	147	5 748	1 046	0	1 083	0	1 007	10 381
		华池县	569	62	5 005	477	0	369	0	424	6 906
		合水县	662	72	4 286	507	0	181	0	494	6 202
		小计	3 764	40	19 144	2 953	0	1 868	0	2 807	30 945
	民勤县		1 041	113	0	0	0	0	18 000	0	19 154
	合计		4 805	522	19 144	2 953	0	1 868	18 000	2 807	50 099
内蒙古	阿拉善盟	阿拉善左旗	305	33	0	0	56 035	0	60 455	0	116 828
	鄂尔多斯市	鄂托克旗	308	33	0	0	23 535	0	22 670	0	46 546
		鄂托克前旗	136	15	5 220	0	23 535	0	22 670	0	51 576
		小计	444	48	5 220	0	47 070	0	45 340	0	98 122
	合计		749	81	5 220	0	103 105	0	105 795	0	214 950
总计			35 816	2 305	180 635	35 971	196 635	9 261	215 024	24 513	700 160

表 7-29　受水区不同水平年不同行业需水量汇总　　　（单位:亿 m³)

需水分类		需水量			
		基准年	2035 年	2050 年	
				方案一	方案二
生活	城镇	2.29	4.93	7.18	7.18
	农村	0.53	0.46	0.23	0.23
	小计	2.82	5.39	7.41	7.41
生产	工业	5.87	12.93	18.06	18.06
	农业	5.22	7.04	11.13	20.59
	小计	11.09	19.97	29.19	38.65
生态		3.37	9.17	14.72	23.95
合计		17.27	34.54	51.33	70.02

万元工业增加值用水量由基准年的 24 m³/万元逐步降低到 2035 年的 19 m³/万元和 2050 年 16 m³/万元,需水量由基准年的 5.87 亿 m³ 增加到 2035 年的 12.93 亿 m³ 和 2050 年的 18.06 亿 m³。随着节水技术和节水水平的不断提高,用水定额呈逐步减小趋势,随着经济的快速发展,需水量呈持续增加趋势是合理的,可以保障国家工业需水量和国家能源基地的用水需求。

随着灌区灌溉面积的增加、高效节水面积发展和农业种植结构的调整,农田灌溉定额由基准年的 389 m³/亩逐步降低到 2035 年的 306 m³/亩和 2050 年的 254 m³/亩,需水量由基准年的 5.22 亿 m³ 增加到 2035 年的 6.20 亿 m³ 和 2050 年方案一的 10.21 亿 m³、方案二的 19.66 亿 m³,可以保障灌区农业生产用水要求,保障国家粮食安全。

河道外生态需水量由基准年的 3.37 亿 m³ 增加到 2035 年的 9.17 亿 m³ 和 2050 年的 23.95 亿 m³,能够满足受水区人民群众对居住生态环境的不断需求。

7.3　可供水量分析

7.3.1　计算条件

(1)考虑黑山峡河段工程建成生效,2035 年南水北调西线一期建成生效,调水量 80 亿 m³;按照国务院批复的《南水北调工程总体规划》,南水北调西线工程 2050 年全部建成生效,调水量 170 亿 m³。

(2)对地表水资源水质不达标的,现状供水工程中向城乡生活供水的部分全部予以置换,调整为农业灌溉或生态修复用水。

(3)对地表水资源存在过度开发利用、挤占河道生态用水的地区,为了促进生态修复,将挤占用于城乡生产、生活、产业园区的当地地表供水予以置换。

　　(4)对地下水超采严重或水质不达标的地区,逐步压采地下水。

　　(5)对规划的跨区域调水工程,作为本次供需分析的水源,供水量采用规划工程的供水量。

　　(6)加大再生水利用力度。研究水平年要进一步加大再生水回用力度,市政绿化、河湖补水、工业用水优先使用再生水。2035年污水回用率达到40%~50%,2050年污水回用率达到50%~60%。

7.3.2　可供水量预测

7.3.2.1　当地水可供水量预测

　　1. 宁夏受水区

　　1)利通区

　　(1)地表水:利通区五里坡生态移民区人畜供水工程,存在水质枯水期硝酸盐、溶解性总固体超标,2035年和2050年予以更换水源。

　　(2)地下水:利通区有两大水源地,其中早元水源地允许开采量912.5万 m^3/a,现状开采量1 464万 m^3/a,位于超采区内,已超过开采年限,且铁、锰离子超标,水源地保护区的划分与城市总体规划和发展存在矛盾,因此规划水平年拟关停该水源地;金积水源地为吴忠市备用水源地,铁、锰离子超标,因此研究水平年予以关停。

　　(3)中水回用:根据需水量预测成果,考虑城市管网覆盖和管网漏损率等情况,预测利通区中水回用量2035年达2 869万 m^3,2050年达4 404万 m^3,用于城镇生态环境用水和工业发展用水。

　　2)红寺堡区

　　(1)地表水:红寺堡区有新庄集、金庄子等水库,现状供水量103万 m^3,本次将现状可利用蓄水量全部调整置换用作农业灌溉、生态修复;23处提水工程水源未来可由黑山峡河段工程来替代。

　　(2)地下水:现状地下水供水量481万 m^3,将地下水工程用作红寺堡区城市备用水源。

　　(3)中水回用:根据需水量预测成果,考虑城市管网覆盖和管网漏损率等情况,预测红寺堡区中水回用量2035年达588万 m^3,2050年达767万 m^3,用于城镇生态环境用水。

　　3)盐池县

　　(1)地表水:盐池县有石山子、隰宁堡等水库,现状供水量623万 m^3,本次将现状可利用蓄水量全部调整置换用作农业灌溉、生态修复;20处提水工程水源未来可由黑山峡河段工程来替代。

　　(2)地下水:现状地下水供水量1 871万 m^3,骆驼井水源地盐池县城区及县城周边村镇饮用水备用水源,现有机井26眼,其中4眼于1998年建成,由于年久设备老化,机井流沙严重暂停使用,现正常运行的有22眼,经过20多年的连续开采,导致水源地水环境破坏严重,规划予以关停。

　　(3)中水回用:根据需水量预测成果、考虑城市管网覆盖和管网漏损率等情况,预测盐池县中水回用量2035年达258万 m^3,2050年达377万 m^3,规划研究水平年用于城镇生态环境用水。

4）同心县

（1）地表水：现状年蓄水工程供水量 126 万 m³，本次将现状可利用蓄水量全部调整置换用作农业灌溉、生态修复；提水工程水源未来可由黑山峡河段工程来替代。

（2）地下水：现状地下水供水量 655 万 m³，将地下水工程用作同心县城市备用水源。

（3）中水回用：根据需水量预测成果，考虑城市管网覆盖和管网漏损率等情况，预测同心县中水回用量 2035 年达 173 万 m³，2050 年达 253 万 m³，规划水平年用于城镇生态环境用水。

5）青铜峡市

（1）地表水：青铜峡市当地地表水可供水量均为 0。

（2）地下水：青铜峡铝厂以大坝镇地下水为水源自建工业供水系统，地下水取水许可 300 万 m³，考虑到工业用水水质要求相对较低，现状水源满足其供水要求，因此该水源地保留。规划年 2035 年、2050 年地下水可供水量均为 300 万 m³。

（3）中水回用：根据需水量预测成果，考虑城市管网覆盖和管网漏损率等情况，预测青铜峡市中水回用量 2035 年达 947 万 m³，2050 年达 1 231 万 m³，规划水平年用于城镇生态环境用水及工业用水。

6）银川市区

（1）地下水：银川市区共有 7 个水源地，其中由于地下水超采、水质超标区、水厂改建等因素，将关停东郊、南郊、北郊、宁化 4 处水源地，保留南梁水源地向银川市第八水厂供水。2016 南梁水源地开采量 4.2 m³/d，允许开采量为 13 m³/d，2035 年可开采量设为允许开采量的 60% 为 7.8 m³/d；根据可开采现状和允许可开采量，2035 年和 2050 年地下水年可供水量分别达到 2 847 万 m³ 和 4 757 万 m³。

（2）中水回用：根据需水量预测成果、考虑城市管网覆盖和管网漏损率等情况，预测银川市区中水回用量 2035 年达 6 262 万 m³，2050 年达 6 579 万 m³，规划水平年用于城镇生态环境用水和工业发展用水。

7）永宁县

（1）地表水：永宁县闽宁镇供水工程以西干渠黄河水为水源，利用原生态移民区批复的富裕指标供水。核定年取水量 439.9 万 m³，其中，人饮 27.7 万 m³，灌溉 412.2 万 m³。永宁县结合闽宁镇的发展规划，2035 年将生态移民区批复的富裕指标调整到生活用水，人饮指标增加为 360 万 m³。2050 年则将人饮指标增加为 439.9 万 m³。该指标不作为当地地表水可供水量。

（2）地下水：永宁县水源地由于开采年限已超 20 年，已达到允许开采量，且溶解性总固体、铁、锰、氨氮超标，规划水平年予以关停；银川市南部水源地允许开采量为 6 万 m³/d，向永宁县第二水厂供水，现状实际供水量 1.32 万 m³/d，2035 年拟供水 3.77 万 m³/d；征沙水源地允许开采量为 6 万 m³/d，现状未供水，规划建设第九水厂为永宁县供水，2035 年供水量为 3.35 万 m³/d。2035 年和 2050 年地下水年可供水量分别可达到 2 847 万 m³ 和 4 380 万 m³。

（3）中水回用：根据需水量预测成果，考虑城市管网覆盖和管网漏损率等情况，预测永宁县中水回用量 2035 年达 1 078 万 m³,2050 年达 2 245 万 m³。

8)灵武市

(1)地表水:灵武市当地地表水没有开发,主要是长城水厂供水工程和宁东供水工程直接从黄河取水,规划水平年可以用黑山峡河段工程实现自流供水。

(2)地下水:灵武市共有崇兴和大泉 2 处水源地,崇兴水源地勘探允许开采量 730 万 m³/a,现状实际开采量 912.5 万 m³/a,目前为灵武市城镇生活用水主要水源地,地下水位逐年下降,考虑到地下水超采,规划水平年予以关停;大泉水源地勘探允许开采量 548 万 m³/a,现状年实际开采量 510 万 m³/a,主要为宁东镇生活工业用水,考虑到远期受水区日益增长的用水需求以及对有限的地下水资源的保护,将大泉水源地作为备用水源地。自备水源井自备深井 90 眼,水质出现总硬度、溶解性总固体、铁、锰等多项指标超标,2035 年和 2050 年予以关停。

(3)中水回用:根据供需水量预测成果,考虑城市管网覆盖和管网漏损率等情况,预测灵武市中水回用量 2035 年达 905 万 m³,2050 年达 1 499 万 m³。

9)贺兰县

(1)地下水:贺兰县水源地现状年供贺兰第二水厂,允许供水量 3 m³/d,但溶解性总固体、硫酸盐、氯化物、铁、锰、氨氮等多项指标超标;贺兰县分散机井供贺兰第一水厂,但总硬度、溶解性总固体、硫酸盐、氯化物、铁、锰、氨氮、浑浊度等多项指标超标,因此规划水平年将该水源地和水井予以关停。贺兰纺织园供水工程为贺兰纺织园水厂,供水量和可采量为 0.6 万 m³/d,规划水平年予以保留。

(2)中水回用:根据需水量预测成果,考虑城市管网覆盖和管网漏损率等情况,预测贺兰县中水回用量 2035 年达 1 059 万 m³,2050 年达 1 643 万 m³。

10)石嘴山市(大武口区)

(1)地下水:石嘴山第一水源地(北武当沟水源地),允许日开采量 4.5 万 m³,水源地位于超采区,拟压减供水量,按开采 60%、备用 40%考虑,即日开采 2.7 万 m³、备用 1.8 万 m³;石嘴山第二水源地原允许日开采量 4 万 m³,扩勘后增加到 7.2 万 m³,该水源地氟化物和氨氮超标,位于超采区,拟压减供水量,按开采 60%、备用 40%考虑,即开采 4.32 万 m³、备用 2.88 万 m³;石嘴山第三水源地(工业园区水源地)水源井一半以上的氨氮和砷超标,且个别水源井砷超标严重,该水源地位于城市规划区和超采区,规划水平年予以关停。综上,规划水平年第一水源地和第二水源地年可供水量为 2 652 万 m³。

(2)中水回用:根据需水量预测成果,考虑城市管网覆盖和管网漏损率等情况,预测石嘴山市中水回用量 2035 年达 1 368 万 m³,2050 年达 2 225 万 m³。

11)平罗县

(1)地下水:平罗大水沟水源地允许日开采量 2.0 万 t,向平罗第二水厂供水;大水沟截潜供水工程 2007 年 11 月正式运行向二水厂供水,设计日供水能力 1.2 万 t,实际供水能力 0.5 万 t;2009 年打供水机井 7 眼,实际供水能力 0.8 万 t,与西区水源地一并为二水厂供水。平罗大水沟水源地保留,平罗星火水源地目前已关闭。规划水平年可供水量为 730 万 m³。

(2)中水回用:根据需水量预测成果,考虑城市管网覆盖和管网漏损率等情况,预测平罗县中水回用量 2035 年达 951 万 m³,2050 年达 1 728 万 m³。

12)其他

另外,中卫市的沙坡头区、中宁县、海原县,石嘴山市平罗县,固原市原州区用水均是发展新的生态灌区。生态灌区用水由黑山峡河段工程供水来解决。

2. 陕西受水区

1)榆林市

a. 定边县

(1)地表水:现状年地表水供水量全部由盐环定工程引黄河水供水,当地无地表水供水量。

(2)地下水:现状年地下水供水量 4 587 万 m³,其中马莲滩水源地、衣食梁水源地等水质不达标,本次予以置换;定边县规划水平年地下水可供水量为 3 426 万 m³,用于农田和林草灌溉。

(3)中水回用:根据需水量预测成果,考虑城市管网覆盖和管网漏损率等情况,预测定边县中水回用量 2035 年达 816 万 m³,2050 年达 1 295 万 m³,用于城市生态环境和工业用水。

b. 靖边县

(1)地表水:现状年地表水供水量 1 319 万 m³,其中 284 万 m³ 由蓄水工程供水,目前大部分水库塘坝淤积严重,基本不能利用,本次予以置换为当地河流的生态用水;1 035 万 m³ 用于农田和林草灌溉,规划水平年予以保留。

(2)地下水:现状年地下水供水量 7 390 万 m³,规划水平年对榆林炼油厂、石油长庆公司等自备井予以关停,靖边县规划水平年地下水可供水量为 7 209 万 m³。

(3)中水回用:根据需水量预测成果,考虑城市管网覆盖和管网漏损率等情况,预测靖边县中水回用量 2035 年达 1 385 万 m³,2050 年达 2 363 万 m³,用于城市生态环境和工业用水。

2)延安市

a. 宝塔区

(1)地表水:现状年地表水供水量 3 724 万 m³,宝塔区麻洞川、临镇、万花山乡等集中供水工程供水量可置换为云岩河、丰富川等河流的生态用水;王瑶水库淤积严重,滞洪库容减小,由于延河生态流量不足,规划水平年置换为生态用水和当地农业用水。

(2)地下水:宝塔区由于地形变化大,沟底比降陡,枯洪悬殊,补给地下水源小,黄土塬潜水一般埋深达 200 m 左右,水量小而不稳定,水井的水质差。规划水平年西北川应急供水工程和各乡镇水井等均予以置换。

(3)中水回用:根据需水量预测成果,考虑城市管网覆盖和管网漏损率等情况,预测宝塔区中水回用量 2035 年达 1 191 万 m³,2050 年达 1 537 万 m³,用于城市生态环境和工业用水。

b. 安塞区

(1)地表水:现状年地表水供水量 803 万 m³,规划水平年置换为生态用水和当地农业灌溉用水;规划水平年可供水量考虑马家沟水库设计可供水量 155 万 m³。

（2）地下水：现状年地下水供水量 561 万 m^3，考虑到地下水水质较差和供水分散，规划水平年予以置换。

（3）中水回用：根据需水量预测成果、考虑城市管网覆盖和管网漏损率等情况，预测安塞区中水回用量 2035 年达 342 万 m^3，2050 年达 480 万 m^3，用于城市生态环境和工业用水。

c. 吴起县

（1）地表水：现状年地表水供水量 330 万 m^3，规划水平年用于当地农业灌溉用水。

（2）地下水：现状年地下水供水量 1 520 万 m^3，县城自来水公司的 4 眼地下水井、丈方台井、铁边城井、庙沟井地下水井的总硬度、氨氮、硝酸盐、六价铬、氯化物、硫酸盐等指标超标，不能直接饮用，特别是六价铬含量超标倍数大，需要进行深度处理，污染物来源主要是由于天然本底水质差，以及生活、工业、农业污染未经处理直接排放，石油开采污水回注等。规划水平年将予以置换。

（3）中水回用：根据需水量预测成果，考虑城市管网覆盖和管网漏损率等情况，预测吴起县中水回用量 2035 年达 389 万 m^3，2050 年达 529 万 m^3，用于城市生态环境和工业用水。

d. 志丹县

（1）地表水：现状年地表水供水量 52 万 m^3，其中石沟水库、崾子川水库、孙家沟等水库淤积严重，蓄水兴利效益已大幅度丧失，将其置换为当地生态用水；黄地台水库目前正在兴建，供水能力为 44 万 m^3。

（2）地下水：现状年地下水供水量 2 542 万 m^3，县城 11 眼水源井、旦八镇供水水源、开发区供水水源、义正镇和吴堡供水水源等，由于常年开采，地下水位下降，已对地下水造成威胁，加之管道年久失修，通过井壁管裂缝渗透入地下水层，对地下水造成不同程度的污染。规划水平年将地下水予以置换。

（3）中水回用：根据需水量预测成果，考虑城市管网覆盖和管网漏损率等情况，预测志丹县中水回用量 2035 年达 449 万 m^3，2050 年达 574 万 m^3，用于城市生态环境和工业用水。

3. 甘肃受水区

1）庆城县

（1）地表水：现状年地表水供水量 2 382 万 m^3，其中庆城县雷旗水库、刘巴沟水库、解放沟水库等水库淤积比较严重，供水效益大幅减少；巴山、西川、东川引、提工程可置换为当地的农业用水；集雨工程可供水量为 71 万 m^3，由于供水保证率低，规划水平年作为备用水源。

（2）地下水：现状年地下水供水量 542 万 m^3，其中城镇供水工程、西川人饮工程、张庄沟水上塬等地下水供水工程石油开采污染，水量下降，供水保证率低，张畔机井、杨家机井、高户机井等已超设计年限，上庄机井、太乐机井工程、老庄机井等水源枯竭，因此考虑石油污染、超过设计年限、水源枯竭等原因，规划水平年予以置换。

（3）中水回用：根据需水量预测成果，考虑城市管网覆盖和管网漏损率等情况，预测庆城县中水回用量 2035 年达 885 万 m^3，2050 年达 1 173 万 m^3，用于城市生态环境和工业用水。

2）环县

（1）地表水：现状年地表水供水量 1 454 万 m³，庙儿沟水库、唐台子水库等水库淤积比较严重，供水效益大幅减少；八珠塬、演武、盐环定等引、提工程全部置换为当地的农业用水；集雨工程可供水量为 378 万 m³，由于供水保证率低，规划水平年作为备用水源。

（2）地下水：现状年地下水供水量 454 万 m³，合道、山城、虎洞、南湫等机井供水工程，地下水位下降幅度较大，供水保证率低下，加之地下水水质较差，硫酸盐和溶解性固体超标，开发利用难度较大，规划水平年予以置换。

（3）中水回用：根据需水量预测成果，考虑城市管网覆盖和管网漏损率等情况，预测环县中水回用量 2035 年达 893 万 m³，2050 年达 1 541 万 m³，规划水平年用于城市生态环境和工业用水。

3）华池县

（1）地表水：现状年地表水供水量 2 315 万 m³，鸭儿洼水库、太阳坡水库、土门沟水库等水库淤积比较严重，供水效益大幅减少；荔园堡、大榆山元城镇等引、提工程全部置换为当地的农业用水；集雨工程可供水量为 2 191 万 m³，由于供水保证率低，规划水平年作为备用水源。

（2）地下水：现状年地下水供水量 546 万 m³，华池县机井 7 041 眼，随着开采量的逐年加大，地下水位下降幅度较大，供水保证率低下，矿化度较高，开发利用难度较大，地下水水源地重金属六价铬超标，规划水平年予以置换。

（3）中水回用：根据需水量预测成果，考虑城市管网覆盖和管网漏损率等情况，预测华池县中水回用量 2035 年达 740 万 m³，2050 年达 1 140 万 m³，用于城市生态环境和工业用水。

4）合水县

（1）地表水：现状年地表水供水量 1 598 万 m³，新村水库、香水水库、王家河水库等水库淤积比较严重，枯水季节入库流量小，供水效益大幅减少；太白枣刺砭渠、城关七里湾等引、提水工程全部作为当地的农业用水；集雨工程可供水量为 51 万 m³，由于供水保证率低，规划水平年作为备用水源。

（2）地下水：现状年地下水供水量 387 万 m³，曹家坳、阳洼、丑寨、大户、店子等机井工程，随着石油开采量的逐年加大，地下水位下降幅度较大，供水保证率低下，加之地下水水质较差，矿化度较高，开发利用难度较大，规划水平年予以置换。

（3）中水回用：根据需水量预测成果，考虑城市管网覆盖和管网漏损率等情况，预测合水县中水回用量 2035 年达 602 万 m³，2050 年达 1 035 万 m³，用于城市生态环境和工业用水。

5）民勤县石羊河流域

民勤县石羊河流域主要发展生态灌区，新增灌区需水量全部由黑山峡河段工程供水。

4.内蒙古受水区

内蒙古受水区供水对象主要包括上海庙能源化工基地和大柳树生态灌区，当地水资源缺乏，现状主要由孪井滩扬水工程和宁东供水工程供水。规划水平年全部由黑山峡河段工程供水。

鄂托克前旗已发展的灌溉面积,地下水供水量。

综合以上分析,2035 年受水区当地水可供水量约为 4.9 亿 m^3。其中,地表水可供水量约为 0.12 亿 m^3,地下水可供水量约为 1.98 亿 m^3,其他水源可供水量约为 2.81 亿 m^3。宁夏、陕西、甘肃当地水可供水量分别约为 2.95 亿 m^3、1.6 亿 m^3、0.31 亿 m^3,内蒙古当地无可供水量。具体见表 7-30。

表 7-30　2035 年受水区当地水可供水量预测　　　　　（单位:万 m^3）

省(区)	市级行政区	地表水	地下水	其他水源	合计
宁夏	吴忠市	0	300	4 805	5 105
	银川市	0	5 446	9 304	14 750
	中卫市	0	0	0	0
	石嘴山市	0	3 382	2 319	5 701
	固原市	0	0	0	0
	宁东能源化工基地	0	0	3 946	3 946
	合计	0	9 128	20 375	29 503
陕西	榆林	1 035	10 635	2 201	13 871
	延安	199	0	2 370	2 569
	合计	1 234	10 635	4 572	16 440
甘肃	庆阳	0	0	3 119	3 119
	民勤县	0	0	0	0
	合计	0	0	3 119	3 119
内蒙古	阿拉善盟	0	0	0	0
	鄂尔多斯市	0	0	0	0
	合计	0	0	0	0
总计		1 234	19 763	28 065	49 062

2050 年,当地水可供水量约为 6.42 亿 m^3。其中,地表水可供水量约为 0.12 亿 m^3,地下水可供水量约为 2.35 亿 m^3,其他水源可供水量约为 3.96 亿 m^3。宁夏、陕西、甘肃当地水可供水量分别约为 4.07 亿 m^3、1.86 亿 m^3、0.49 亿 m^3,内蒙古当地无可供水量,见表 7-31。

表 7-31　2050 年受水区当地水可供水量预测　　　　（单位:万 m³）

省(区)	市级行政区	地表水	地下水	其他水源	合计
宁夏	吴忠市	0	300	7 035	7 335
	银川市	0	9 137	11 968	21 105
	中卫市	0	0	0	0
	石嘴山市	0	3 382	3 953	7 335
	固原市	0	0	0	0
	宁东能源化工基地	0	0	4 933	4 933
	合计	0	12 819	27 889	40 708
陕西	榆林	1 035	10 635	3 658	15 328
	延安	199	0	3 122	3 321
	合计	1 234	10 635	6 780	18 649
甘肃	庆阳	0	0	4 889	4 889
	民勤县	0	0	0	0
	合计	0	0	4 889	4 889
内蒙古	阿拉善盟	0	0	0	0
	鄂尔多斯市	0	0	0	0
	合计	0	0	0	0
总计		1 234	23 454	39 558	64 246

7.3.2.2　黄河干流水可供水量分析

1. 宁夏

现状年,宁夏受水区范围内银川都市圈供水工程、红寺堡扬水、固海同心、固海扩灌、盐环定、南山台子等引黄工程引黄水量 8.13 亿 m³,其中农业灌溉用水量 7.28 亿 m³,生活工业用水量 0.84 亿 m³;宁东能源化工基地批复引黄水量指标 2.00 亿 m³。规划水平年,宁夏受水区范围内维持现状引黄水量,新增的用水需求由南水北调西线工程满足,黄河干流水可供水量为 10.13 亿 m³。

2. 陕西

陕西受水区引黄供水工程有盐环定扬水工程和延安引黄供水工程。其中,盐环定扬水工程分配给定边县的供水指标为 2 466 万 m³,延安引黄供水工程分配给宝塔区的供水指标为 1 731 万 m³。规划水平年,黄河干流水可供水量为 4 197 万 m³。

3. 甘肃

甘肃受水区引黄供水工程有盐环定扬水工程,分配给环县的供水指标为 2 466 万 m³,规划水平年黄河干流水可供水量为 2 466 万 m³。

4. 内蒙古

内蒙古受水区引黄供水工程有孪井滩扬水灌溉工程和宁东供水工程,其中孪井滩扬水灌溉工程取水指标为 0.52 亿 m³,用于阿拉善左旗农业灌溉;上海庙能源化工基地批复引黄水量指标 0.41 亿 m³。规划水平年,黄河干流水可供水量为 0.93 亿 m³。

5.受水区

综上所述,受水区规划年黄河干流可供水量共计约 11.73 亿 m³,见表 7-32。

表 7-32　黄河干流可供水量　　　　　　　　　（单位:万 m³）

省(区)	市级行政区	黄河干流可供水量
宁夏	吴忠市	22 558
	银川市	27 234
	中卫市	24 222
	石嘴山市	7 273
	固原市	0
	宁东能源化工基地	20 000
	合计	101 288
陕西	榆林	2 466
	延安	1 731
	合计	4 197
甘肃	庆阳	2 466
	民勤县	0
	合计	2 466
内蒙古	阿拉善盟	5 246
	鄂尔多斯市	4 106
	合计	9 352
总计		117 303

7.3.2.3　西线外调水可供水量预测

2035 年南水北调西线一期工程建成生效,调水量 80.00 亿 m³;按照国务院批复的《南水北调工程总体规划》,南水北调西线工程 2050 年全部建成生效,调水量 170 亿 m³。根据《南水北调西线第一期工程调入水量配置方案细化研究》成果,向河道外配置水量 60.00 亿 m³,用于城镇生活和工业用水,南水北调西线一期工程调入水量配置见表 7-33。规划年新增的工业、生活用水需求由南水北调西线调入的水量满足。

根据《南水北调西线第一期工程调入水量配置方案细化研究》,综合考虑供水范围内用水需求、新增供水可能条件等,2035 年受水区范围内西线外调水可供水量为 14.89 亿 m³,其中宁夏、陕西、甘肃、内蒙古分别为 8.41 亿 m³、2.58 亿 m³、3.86 亿 m³、0.04 亿 m³;2050 年,南水北调西线工程调水量增加到 170 亿 m³,预测河道外配置水量增加到 120 亿 m³,受水区范围内西线外调水可供水量增加到 33.18 亿 m³,其中宁夏、陕西、甘肃、内蒙古分别为 16.60 亿 m³、4.33 亿 m³、4.28 亿 m³、7.98 亿 m³。2035 年和 2050 年受水区各省(区)西线可供水量详见表 7-34。

表 7-33 南水北调西线一期工程调入水量配置 （单位：亿 m³）

河道内外	部门和省（区）	调入水量配置方案
河道外	青海	5.50
	甘肃	12.50
	宁夏	15.30
	内蒙古	15.20
	陕西	6.50
	山西	5.00
	小计	60.00
河道内		20.00
合计		80.00

表 7-34 规划水平年西线可供水量预测 （单位：亿 m³）

省（区）	市级行政区	2035 年	2050 年
宁夏	吴忠市	1.98	5.95
	银川市	4.00	5.45
	中卫市	0	0.78
	石嘴山市	1.33	2.27
	固原市	0	0.41
	宁东能源化工基地	1.11	1.74
	合计	8.41	16.60
陕西	榆林	1.50	2.92
	延安	1.08	1.41
	合计	2.58	4.33
甘肃	庆阳	1.56	2.36
	民勤县	2.30	1.92
	合计	3.86	4.28
内蒙古	阿拉善盟	0.03	4.99
	鄂尔多斯市	0.01	2.99
	合计	0.04	7.98
总计		14.89	33.18

7.3.2.4 可供水总量

规划水平年考虑黑山峡河段工程和南水北调西线一期工程生效，形成以当地水、黄河干流水、南水北调西线水等多水源联合供水的配置格局。预测 2035 年可供水量约为 31.52 亿 m³，2050 年可供水量达到 51.33 亿 m³。规划水平年供水范围内供水量预测成果见表 7-35、表 7-36。

表 7-35　2035 年受水区可供水总量

（单位：万 m³）

省(区)	市级行政区	县级行政区	地表水	地下水	其他水源	引黄	西线	合计
宁夏	吴忠市	利通区	0	0	2 869	5 979	9 253	18 101
		红寺堡区	0	0	559	10 305	512	11 375
		盐池县	0	0	258	253	2 027	2 538
		同心县东部	0	0	173	163	1 301	1 637
		青铜峡市	0	300	947	5 859	6 680	13 786
		小计	0	300	4 806	22 559	19 773	47 437
	银川市	银川市区	0	2 847	6 262	11 463	27 039	47 611
		永宁县	0	2 599	1 078	7 923	1 215	12 815
		贺兰县	0	0	1 059	3 240	4 675	8 974
		灵武市	0	0	905	4 608	7 088	12 601
		小计	0	5 446	9 304	27 234	40 017	82 001
	中卫市	沙坡头区	0	0	0	8 381	0	8 381
		中宁县	0	0	0	15 841	0	15 841
		海原县	0	0	0	0	0	0
		小计	0	0	0	24 222	0	24 222
	石嘴山市	平罗县	0	730	951	6 261	7 119	15 061
		大武口区	0	2 652	1 368	1 012	6 182	11 214
		小计	0	3 382	2 319	7 273	13 301	26 277
	固原市	原州区	0	0	0	0	0	0
	宁东能源化工基地		0	0	3 946	20 000	11 054	35 000
	合计		0	9 128	20 374	101 290	84 145	214 935
陕西	榆林	定边县	0	3 426	816	2 466	5 617	12 325
		靖边县	1 035	7 209	1 385	0	9 321	18 950
		小计	1 035	10 635	2 201	2 466	14 938	31 275
	延安	宝塔区	0	0	1 191	1 731	4 066	6 988
		安塞区	155	0	342	0	1 968	2 465
		吴起县	0	0	389	0	2 228	2 617
		志丹县	44	0	448	0	2 582	3 075
		小计	199	0	2 370	1 731	10 844	15 145
	合计		1 234	10 635	4 571	4 197	25 782	46 420
甘肃	庆阳	庆城县	0	0	885	0	5 024	5 909
		环县	0	0	894	2 466	3 389	6 748
		华池县	0	0	739	0	3 970	4 710
		合水县	0	0	601	0	3 260	3 862
		小计	0	0	3 119	2 466	15 643	21 229
	民勤县		0	0	0	0	22 957	22 957
	合计		0	0	3 119	2 466	38 600	44 186

续表7-35

省(区)	市级行政区	县级行政区	地表水	地下水	其他水源	引黄	西线	合计
内蒙古	阿拉善盟	阿拉善左旗	0	0	0	5 246	250	5 496
	鄂尔多斯市	鄂托克旗	0	0	0	0	0	0
		鄂托克前旗	0	0	0	4 106	112	4 218
		小计	0	0	0	4 106	112	4 218
	合计		0	0	0	9 352	362	9 714
总计			1 234	19 763	28 065	117 303	148 889	315 253

表7-36 2050年受水区可供水总量   (单位:万 m³)

省(区)	市级行政区	县级行政区	地表水	地下水	其他水源	引黄	西线	合计
宁夏	吴忠市	利通区	0	0	4 405	5 979	14 194	24 578
		红寺堡区	0	0	768	10 305	1 829	12 902
		盐池县	0	0	379	1 342	29 750	31 471
		同心县东部	0	0	253	2 426	5 319	7 998
		青铜峡市	0	300	1 230	5 859	8 375	15 764
		小计	0	300	7 035	25 911	59 467	92 713
	银川市	银川市区	0	4 757	6 579	11 463	37 685	60 484
		永宁县	0	4 380	2 245	7 923	0	14 548
		贺兰县	0	0	1 645	3 240	7 088	11 973
		灵武市	0	0	1 499	4 608	9 740	15 847
		小计	0	9 137	11 968	27 234	54 513	102 852
	中卫市	沙坡头区	0	0	0	7 266	0	7 266
		中宁县	0	0	0	13 578	0	13 578
		海原县	0	0	0	0	7 802	7 802
		小计	0	0	0	20 844	7 802	28 646
	石嘴山市	平罗县	0	730	1 729	6 262	11 058	19 779
		大武口区	0	2 652	2 224	1 013	11 632	17 521
		小计	0	3 382	3 953	7 275	22 690	37 300
	固原市	原州区	0	0	0	0	4 141	4 141
	宁东能源化工基地		0	0	4 933	20 000	17 367	42 300
	合计		0	12 819	27 889	101 264	165 980	307 952
陕西	榆林	定边县	0	3 426	1 294	2 466	12 668	19 854
		靖边县	1 035	7 209	2 364	0	16 534	27 142
		小计	1 035	10 635	3 658	2 466	29 202	46 996
	延安	宝塔区	0	0	1 536	1 731	5 297	8 564
		安塞区	155	0	482	0	2 641	3 278
		吴起县	0	0	529	0	2 802	3 331
		志丹县	44	0	575	0	3 328	3 947
		小计	199	0	3 122	1 731	14 068	19 120
	合计		1 234	10 635	6 780	4 197	43 270	66 116

续表 7-36

省（区）	市级行政区	县级行政区	地表水	地下水	其他水源	引黄	西线	合计
甘肃	庆阳	庆城县	0	0	1 172	0	6 284	7 456
		环县	0	0	1 542	2 466	6 373	10 381
		华池县	0	0	1 140	0	5 766	6 906
		合水县	0	0	1 035	0	5 167	6 202
		小计	0	0	4 889	2 466	23 590	30 945
	民勤县		0	0	0	0	19 154	19 154
	合计		0	0	4 889	2 466	42 744	50 099
内蒙古	阿拉善盟	阿拉善左旗	0	0	0	5 246	49 911	55 157
	鄂尔多斯市	鄂托克旗	0	0	0	0	14 467	14 467
		鄂托克前旗	0	0	0	4 106	15 391	19 497
		小计	0	0	0	4 106	29 858	33 964
	合计		0	0	0	9 352	79 769	89 121
总计			1 234	23 454	39 558	117 279	331 763	513 288

7.4　水资源供需分析

根据规划水平年受水区各县（区）的需水量、不同情景下的可供水量逐县（区）进行供需分析。

7.4.1　2035 年供需分析

2035 年,受水区总需水量为 34.54 亿 m³,可供水量为 31.53 亿 m³,其中当地地表水供水量 0.12 亿 m³、地下水供水量 1.98 亿 m³、其他水源 2.8 亿 m³、引黄水量 11.73 亿 m³、西线调入水量 14.89 亿 m³;总缺水量为 3.02 亿 m³,其中农田和生态林草缺水量分别为 1.56 亿 m³、1.46 亿 m³。2035 年受水区供需分析结果详见表 7-37。

7.4.2　2050 年供需分析

方案一,2050 年受水区总需水量为 51.33 亿 m³,可供水量为 51.33 亿 m³,其中当地地表水供水量 0.12 亿 m³、地下水供水量 2.35 亿 m³、其他水源 3.96 亿 m³、引黄水量 11.73 亿 m³、西线调入水量 33.18 亿 m³,可满足 2050 年用水需求。2050 年受水区方案一供需分析结果见表 7-38。

方案二,2050 年受水区总需水量为 70.02 亿 m³,可供水量为 51.33 亿 m³,其中当地地表水供水量 0.12 亿 m³、地下水供水量 2.35 亿 m³、其他水源 3.96 亿 m³、引黄水量 11.73 亿 m³、西线调入水量 33.18 亿 m³,总缺水量为 18.69 亿 m³,其中农田和生态林草缺水量分别为 9.46 亿 m³、9.23 亿 m³。2050 年受水区方案二供需分析结果见表 7-39。

表7-37 2035年受水区供需分析结果

（单位：万 m³）

省(区)	市级行政区	县级行政区	需水量	供水量						缺水量		
				地表水	地下水	其他水源	引黄	西线	合计	总缺水量	农田	生态林草
宁夏	吴忠市	利通区	18 101	0	0	2 869	5 979	9 253	18 101	0	0	0
		红寺堡区	11 376	0	0	559	10 305	512	11 376	0	0	0
		盐池县	2 538	0	0	258	253	2 027	2 538	0	0	0
		同心县东部	1 637	0	0	173	163	1 301	1 637	0	0	0
		青铜峡市	13 786	0	300	947	5 859	6 680	13 786	0	0	0
		小计	47 437	0	300	4 805	22 559	19 773	47 437	0	0	0
	银川市	银川市区	47 611	0	2 847	6 262	11 463	27 039	47 611	0	0	0
		永宁县	12 815	0	2 599	1 078	7 923	1 215	12 815	0	0	0
		贺兰县	8 974	0	0	1 059	3 240	4 675	8 974	0	0	0
		灵武市	12 601	0	0	905	4 608	7 088	12 601	0	0	0
		小计	82 001	0	5 446	9 304	27 234	40 017	82 001	0	0	0
	中卫市	沙坡头区	8 385	0	0	0	8 385	0	8 385	0	0	0
		中宁县	15 841	0	0	0	15 841	0	15 841	0	0	0
		海原县	0	0	0	0	0	0	0	0	0	0
		小计	24 222	0	0	0	24 222	0	24 222	0	0	0
	石嘴山市	平罗县	15 061	0	730	951	6 261	7 119	15 061	0	0	0
		大武口区	11 214	0	2 652	1 368	1 012	6 182	11 214	0	0	0
		小计	26 275	0	3 382	2 319	7 275	13 301	26 275	0	0	0
	固原市	原州区	0	0	0	0	0	0	0	0	0	0
	宁东能源化工基地		35 000	0	0	3 946	20 000	11 054	35 000	0	0	0
	合计		214 935	0	9 128	20 374	101 290	84 145	214 935	0	0	0

续表 7-37

省（区）	市级行政区	县级行政区	需水量	供水量						总缺水量	缺水量	
				地表水	地下水	其他水源	引黄	西线	合计		农田	生态林草
陕西	榆林	定边县	18 754	0	3 426	816	2 466	5 617	12 325	6 429	3 735	2 694
		靖边县	22 280	1 035	7 209	1 385	0	9 321	18 950	3 330	1 903	1 427
		小计	41 034	1 035	10 635	2 201	2 466	14 938	31 275	9 759	5 638	4 121
	延安	宝塔区	6 988	0	0	1 191	1 731	4 066	6 988	0	0	0
		安塞区	2 465	155	0	342	0	1 968	2 465	0	0	0
		吴起县	2 617	0	0	389	0	2 228	2 617	0	0	0
		志丹县	3 075	44	0	449	0	2 582	3 075	0	0	0
		小计	15 146	199	0	2 371	1 731	10 844	15 145	0	0	0
	合计		56 179	1 234	10 635	4 572	4 197	25 782	46 420	9 759	5 638	4 121
甘肃	庆阳	庆城县	5 909	0	0	885	0	5 024	5 909	0	0	0
		环县	6 748	0	0	893	2 466	3 389	6 748	0	0	0
		华池县	4 710	0	0	740	0	3 970	4 710	0	0	0
		合水县	3 862	0	0	602	0	3 260	3 862	0	0	0
		小计	21 229	0	0	3 120	2 466	15 643	21 229	0	0	0
	民勤县		22 957	0	0	0	0	22 957	22 957	0	0	0
	合计		44 186	0	0	3 120	2 466	38 600	44 186	0	0	0
内蒙古	阿拉善盟	阿拉善左旗	17 892	0	0	0	5 246	250	5 496	12 396	5 903	6 492
	鄂尔多斯市	鄂托克旗	0	0	0	0	0	0	0	0	0	0
		鄂托克前旗	12 259	0	0	0	4 106	112	4 218	8 041	4 083	3 958
		小计	12 259	0	0	0	4 106	112	4 218	8 041	4 083	3 958
	合计		30 151	0	0	0	9 352	362	9 714	20 437	9 986	10 450
总计			345 447	1 234	19 763	28 066	117 303	148 889	315 253	30 192	15 624	14 570

表 7-38 2050 年受水区供需分析结果（方案一）

（单位：万 m³）

省（区）	市级行政区	县级行政区	需水量	供水量							总缺水量
				地表水	地下水	其他水源	引黄	西线	合计	
宁夏	吴忠市	利通区	24 578	0	0	4 405	5 979	14 194	24 577	0
		红寺堡区	12 902	0	0	768	10 305	1 829	12 902	0
		盐池县	31 471	0	0	379	1 342	29 750	31 471	0
		同心县东部	7 998	0	0	253	2 426	5 319	7 998	0
		青铜峡市	15 764	0	300	1 230	5 859	8 375	15 764	0
		小计	92 713	0	300	7 035	25 911	59 468	92 713	0
	银川市	银川市区	60 484	0	4 757	6 579	11 463	37 685	60 484	0
		永宁县	14 548	0	4 380	2 245	7 923	0	14 548	0
		贺兰县	11 973	0	0	1 645	3 240	7 088	11 973	0
		灵武市	15 847	0	0	1 499	4 608	9 740	15 847	0
		小计	102 852	0	9 137	11 968	27 234	54 513	102 852	0
	中卫市	沙坡头区	7 266	0	0	0	7 266	0	7 266	0
		中宁县	13 578	0	0	0	13 578	0	13 578	0
		海原县	7 802	0	0	0	0	7 802	7 802	0
		小计	28 646	0	0	1 729	20 844	7 802	28 646	0
	石嘴山市	平罗县	19 779	0	730	1 729	6 262	11 058	19 779	0
		大武口区	17 521	0	2 652	2 224	1 013	11 632	17 521	0
		小计	37 300	0	3 382	3 953	7 275	22 690	37 300	0
	固原市	原州区	4 141	0	0	0	0	4 141	4 141	0
		宁东能源化工基地	42 300	0	0	4 933	20 000	17 367	42 300	0
	合计		307 952	0	12 819	27 889	101 264	165 980	307 952	0

续表 7-38

省(区)	市级行政区	县级行政区	需水量	供水量						总缺水量
				供水水源						
				地表水	地下水	其他水源	引黄	西线	合计	
陕西	榆林	定边县	19 854	0	3 426	1 294	2 466	12 668	19 854	0
		靖边县	27 142	1 035	7 209	2 364	0	16 534	27 142	0
		小计	46 996	1 035	10 635	3 658	2 466	29 202	46 996	0
	延安	宝塔区	8 564	0	0	1 536	1 731	5 297	8 564	0
		安塞区	3 278	155	0	482	0	2 641	3 278	0
		吴起县	3 331	0	0	529	0	2 802	3 331	0
		志丹县	3 947	44	0	575	0	3 328	3 947	0
		小计	19 120	199	0	3 122	1 731	14 068	19 120	0
	合计		66 116	1 234	10 635	6 780	4 197	43 270	66 116	0
甘肃	庆阳	庆城县	7 456	0	0	1 172	0	6 284	7 456	0
		环县	10 381	0	0	1 542	2 466	6 373	10 381	0
		华池县	6 906	0	0	1 140	0	5 766	6 906	0
		合水县	6 202	0	0	1 035	0	5 167	6 202	0
		小计	30 945	0	0	4 889	2 466	23 590	30 945	0
	民勤县		19 154	0	0	0	0	19 154	19 154	0
	合计		50 099	0	0	4 889	2 466	42 744	50 099	0
内蒙古	阿拉善盟	阿拉善左旗	55 157	0	0	0	5 246	49 911	55 157	0
	鄂尔多斯市	鄂托克旗	14 467	0	0	0	0	14 467	14 467	0
		鄂托克前旗	19 497	0	0	0	4 106	15 391	19 497	0
		小计	33 964	0	0	0	4 106	29 857	33 964	0
	合计		89 121	0	0	0	9 352	79 768	89 121	0
总计			513 288	1 234	23 454	39 558	117 279	331 763	513 288	0

表 7-39 2050 年受水区供需分析结果（方案二） （单位：万 m³）

省（区）	市级行政区	县级行政区	需水量	供水量							缺水量		
				地表水	地下水	其他水源	引黄	西线	合计	总缺水量	农田	生态林草
宁夏	吴忠市	利通区	24 578	0	0	4 405	5 979	14 194	24 578	0	0	0
		红寺堡区	12 902	0	0	768	10 305	1 829	12 902	0	0	0
		盐池县	40 416	0	0	379	1 342	29 750	31 473	8 945	3 106	5 839
		同心县东部	16 053	0	0	253	2 426	5 319	7 998	8 055	2 773	5 282
		青铜峡市	15 764	0	300	1 230	5 859	8 375	15 764	0	0	0
		小计	109 713	0	300	7 035	25 912	59 467	92 713	17 000	5 879	11 121
	银川市	银川市区	60 484	0	4 757	6 579	11 463	37 685	60 484	0	0	0
		永宁县	14 548	0	4 380	2 245	7 923	0	14 548	0	0	0
		贺兰县	11 973	0	0	1 645	3 240	7 088	11 973	0	0	0
		灵武市	15 847	0	0	1 499	4 608	9 740	15 847	0	0	0
		小计	102 852	0	9 137	11 968	27 234	54 513	102 852	0	0	0
	中卫市	沙坡头区	7 266	0	0	0	7 266	0	7 266	0	0	0
		中宁县	13 578	0	0	0	13 578	0	13 578	0	0	0
		海原县	8 292	0	0	0	0	7 802	7 802	490	238	252
		小计	29 136	0	0	0	20 844	7 802	28 646	490	238	252
	石嘴山市	平罗县	19 779	0	730	1 729	6 262	11 058	19 779	0	0	0
		大武口区	17 521	0	2 652	2 224	1 013	11 632	17 521	0	0	0
		小计	37 300	0	3 382	3 953	7 275	22 690	37 300	0	0	0
	固原市	原州区	5 375	0	0	1 729	0	4 141	4 141	1 234	518	716
	宁东能源化工基地		42 300	0	0	4 933	20 000	17 367	42 300	0	0	0
	合计		326 676	0	12 819	27 889	101 264	165 980	307 952	18 724	6 636	12 089

续表 7-39

省（区）	市级行政区	县级行政区	需水量	供水量						总缺水量	缺水量	
				地表水	地下水	其他水源	引黄	西线	合计		农田	生态林草
陕西	榆林	定边县	40 853	0	3 426	1 294	2 466	12 668	19 854	20 999	12 810	8 189
		靖边县	48 462	1 035	7 209	2 364	0	16 534	27 142	21 320	12 789	8 531
		小计	89 315	1 035	10 635	3 658	2 466	29 202	46 996	42 319	25 599	16 720
	延安	宝塔区	8 564	0	0	1 536	1 731	5 297	8 564	0	0	0
		安塞区	3 278	155	0	482	0	2 641	3 278	0	0	0
		吴起县	3 331	0	0	529	0	2 802	3 331	0	0	0
		志丹县	3 947	44	0	575	0	3 328	3 947	0	0	0
		小计	19 120	199	0	3 122	1 731	14 068	19 120	0	0	0
	合计		108 435	1 234	10 635	6 780	4 197	43 270	66 116	42 319	25 600	16 720
甘肃	庆阳	庆城县	7 456	0	0	1 172	0	6 284	7 456	0	0	0
		环县	10 381	0	0	1 542	2 466	6 373	10 381	0	0	0
		华池县	6 906	0	0	1 140	0	5 766	6 906	0	0	0
		合水县	6 202	0	0	1 035	0	5 167	6 202	0	0	0
		小计	30 945	0	0	4 889	2 466	23 590	30 945	0	0	0
	民勤县		19 154	0	0	0	0	19 154	19 154	0	0	0
	合计		50 099	0	0	4 889	2 466	42 744	50 099	0	0	0
内蒙古	阿拉善盟	阿拉善左旗	116 828	0	0	0	5 246	49 911	55 157	61 671	29 665	32 006
	鄂尔多斯市	鄂托克旗	46 546	0	0	0	0	14 467	14 467	32 079	16 339	15 740
		鄂托克前旗	51 576	0	0	0	4 106	15 391	19 497	32 079	16 339	15 740
		小计	98 122	0	0	0	4 106	29 858	33 964	64 158	32 679	31 479
	合计		214 950	0	0	0	9 352	79 769	89 121	125 829	62 344	63 485
总计			700 160	1 234	23 454	39 558	117 279	331 763	513 288	186 872	94 578	92 294

7.5　水资源配置研究

7.5.1　水资源配置原则

本次规划水资源配置方案的确定是以县(市、区)为单元、以不同情景的水资源供需分析成果为基础,按照可供水量对河道外用水实施总量控制,按照节水型社会建设要求进行用水定额控制,按照水功能区纳污能力进行入河排污量总量控制,遵守"节水优先、空间均衡、系统治理、两手发力"的治水思路,遵循"黄河流域生态保护和高质量发展"战略思想,对受水区水资源在经济社会系统和生态环境系统之间、不同用水行业之间进行合理调配,使得水资源配置格局与经济社会发展及生态环境保护的要求相协调。在保障经济社会又好又快发展的同时,有效保护水资源,维护生态平衡、改善环境质量。水资源配置的基本原则如下:

(1)坚持公平公正的原则,保障城乡居民都享有饮水安全、生产用水以及良好人居环境的基本权利;考虑受水区水资源状况和经济社会与生态环境特点,公平合理地处理流域与区域之间水资源权益关系,承担水资源保护的义务。

(2)坚持高效利用的原则,按照节水、降耗、治污、减排的要求,提高水资源循环利用的水平和效率,统筹水资源利用的经济效益、社会效益和生态效益,发挥水资源的多种功能。

(3)坚持综合平衡的原则,综合分析水量、水质和水生态环境各要素间关系,控制污染物入河总量不超过其纳污能力,生态环境用水量不低于保护生态环境需要的水量。

(4)统筹兼顾经济社会发展和生态环境良好的各项需求。协调好生活、生产和生态环境用水的关系,优先保证城镇生活和农村人畜用水,合理安排工农业和其他行业用水,统筹考虑现状用水情况与未来用水要求,保障水资源的可持续利用。

(5)地表水、地下水、其他水源和外调水等统一配置。适当退还当地地表水,适量开采地下水,充分开发利用其他水源,合理利用外调水。

7.5.2　水资源配置方案

7.5.2.1　2035年

2035年,受水区配置供水量31.53亿 m³,其中当地地表水供水量0.12亿 m³,占配置供水量的0.4%;地下水供水量1.98亿 m³,占配置供水量的6.3%;其他水源供水量2.81亿 m³,占配置供水量的8.9%;引黄供水量11.73亿 m³,占配置供水量的37.2%;西线调入水量14.89亿 m³,占配置供水量的47.2%。

2035年,配置生活用水量3.31亿 m³,占总用水量的10.5%;配置工业用水量12.93亿 m³,占总用水量的41.0%;配置建筑业、第三产业用水量2.09亿 m³,占总用水量的6.6%;配置城镇生态用水量1.57亿 m³,占总用水量的5.0%;配置灌溉用水量10.79亿 m³,占总用水量的34.2%。2035年受水区水资源配置方案详见表7-40。

7.5.2.2　2050 年

2050 年,受水区配置供水量 51.33 亿 m^3,其中当地地表水供水量 0.12 亿 m^3,占配置供水量的 0.2%;当地地下水供水量 2.35 亿 m^3,占配置供水量的 4.6%;其他水源供水量 3.96 亿 m^3,占配置供水量的 7.7%;引黄供水量 11.73 亿 m^3,占配置供水量的 22.8%;西线调入水量 33.18 亿 m^3,占配置供水量的 64.6%。

2050 年,配置居民生活用水量 3.81 亿 m^3,占总用水量的 7.4%;配置工业用水量 18.06 亿 m^3,占总用水量的 35.2%;配置建筑、三产用水量 3.60 亿 m^3,占总用水量的 7.0%;配置城镇生态用水量 2.45 亿 m^3,占总用水量的 4.8%;配置灌溉用水量 22.48 亿 m^3,占总用水量的 43.8%。2050 年受水区水资源配置方案详见表 7-41。

表7-40 2035年受水区水资源配置方案

（单位：万 m³）

省(区)	市级行政区	县级行政区	配置供水量						配置用水量									
			地表水	地下水	其他水源	引黄	西线	合计	城镇生活	农村生活	工业	建筑业	第三产业	农田	生态林草	牲畜	城镇生态	合计
宁夏	吴忠市	利通区	0	0	2 869	5 979	9 253	18 101	1 994	266	10 321	333	847	1 619	1 121	446	1 154	18 101
		红寺堡区	0	0	559	10 305	512	11 376	649	162	2 031	39	88	4 149	3 550	332	376	11 376
		盐池县	0	0	258	253	2 027	2 538	576	144	554	133	248	0	0	550	333	2 538
		同心县东部	0	0	172	163	1 301	1 636	453	113	278	17	86	0	0	427	262	1 636
		青铜峡市	0	300	947	5 859	6 680	13 786	1 070	219	6 261	199	321	2 167	2 856	74	619	13 786
		小计	0	300	4 805	22 559	19 771	47 437	4 742	904	19 445	721	1 590	7 935	7 527	1 829	2 744	47 437
	银川市	银川市区	0	2 847	6 261	11 463	27 039	47 610	6 976	294	20 749	1 735	6 998	3 281	3 313	225	4 039	47 610
		永宁县	0	2 599	1 079	7 923	1 215	12 814	862	168	4 468	364	397	2 670	3 208	178	499	12 714
		贺兰县	0	0	1 059	3 240	4 675	8 974	920	179	4 286	220	382	1 026	1 243	185	533	8 974
		灵武市	0	0	907	4 608	7 088	12 603	1 143	167	3 162	495	979	3 236	2 643	116	662	12 603
		小计	0	5 446	9 304	27 234	40 016	82 001	9 901	808	32 665	2 814	8 756	10 213	10 407	704	5 733	82 001
	中卫市	沙坡头区	0	0	0	8 381	0	8 381	269	214	0	0	0	4 677	3 221	0	0	8 381
		中宁县	0	0	0	15 841	0	15 841	214	187	0	0	0	9 707	5 733	0	0	15 841
		海原县	0	0	0	0	0	0	0	0	0	0	0	0	0	0	0	0
		小计	0	0	0	24 222	0	24 222	483	401	0	0	0	14 383	8 954	0	0	24 222
	石嘴山市	平罗县	0	730	951	6 261	7 119	15 061	921	209	5 196	361	547	3 257	3 844	193	533	15 062
		大武口区	0	2 652	1 368	1 012	6 182	11 214	1 578	48	7 120	161	969	0	0	425	913	11 215
		小计	0	3 382	2 319	7 273	13 301	26 275	2 499	257	12 316	522	1 516	3 257	3 844	618	1 446	26 275
	固原市	原州市	0	0	0	0	0	0	0	0	0	0	0	0	0	0	0	0
	宁东能源化工基地		0	0	3 946	20 000	11 054	35 000	0	0	35 000	0	0	0	0	0	0	35 000
	合计		0	9 128	20 374	101 288	84 145	214 935	17 625	2 370	99 426	4 057	11 862	35 789	30 732	3 151	9 924	214 935

续表 7-40

省(区)	市级行政区	县级行政区	配置供水量						配置用水量									
			地表水	地下水	其他水源	引黄	西线	合计	城镇生活	农村生活	工业	建筑业	第三产业	农田	生态林草	牲畜	城镇生态	合计
陕西	榆林	定边县	0	3 426	816	2 466	5 617	12 325	1 404	273	2 331	12	599	3 423	2 469	1 001	813	12 325
		靖边县	1 035	7 209	1 385	0	9 321	18 950	1 687	246	4 929	50	847	4 711	3 533	1 970	977	18 950
		小计	1 035	10 635	2 201	2 466	14 938	31 275	3 091	519	7 260	62	1 446	8 134	6 002	2 971	1 790	31 275
	延安	宝塔区	155	0	1 191	1 731	4 066	6 988	2 394	155	2 078	165	717	0	0	93	1 386	6 988
		安塞区	0	0	342	0	1 968	2 465	674	98	855	32	293	0	0	123	390	2 465
		吴起县	0	0	389	0	2 228	2 617	595	87	1 214	49	198	0	0	130	344	2 617
		志丹县	44	0	449	1 731	2 582	3 074	549	80	1 592	33	325	0	0	177	318	3 074
		小计	199	0	2 371	1 731	10 844	15 144	4 212	420	5 739	279	1 533	0	0	523	2 438	15 144
	合计		1 234	10 635	4 572	4 197	25 782	46 419	7 303	939	12 999	341	2 979	8 134	6 002	3 494	4 228	46 419
甘肃	庆阳	庆城县	0	0	885	0	5 024	5 909	849	267	3 471	64	460	0	0	307	491	5 909
		环县	0	0	894	2 466	3 389	6 749	894	348	3 446	7	587	0	0	949	518	6 749
		华池县	0	0	739	0	3 970	4 709	408	128	3 323	66	228	0	0	320	236	4 709
		合水县	0	0	601	0	3 260	3 861	475	149	2 503	1	279	0	0	179	275	3 861
		小计	0	0	3 119	2 466	15 643	21 228	2 626	892	12 743	138	1 554	0	0	1 755	1 520	21 228
	民勤县		0	0	0	0	22 957	22 957	689	268	0	0	0	0	22 000	0	0	22 957
	合计		0	0	3 119	2 466	38 600	44 185	3 315	1 160	12 743	138	1 554	0	22 000	1 755	1 520	44 185
内蒙古	阿拉善盟	阿拉善左旗	0	0	0	5 246	250	5 496	129	121	0	0	0	2 502	2 744	0	0	5 496
	鄂尔多斯市	鄂托克旗	0	0	0	4 106	112	4 218	60	52	4 106	0	0	0	0	0	0	4 218
		鄂托克前旗																
		小计	0	0	0	4 106	112	4 218	60	52	4 106	0	0	0	0	0	0	4 218
	合计		0	0	0	9 352	362	9 714	189	173	4 106	0	0	2 502	2 744	0	0	9 714
总计			1 234	19 763	28 067	117 303	148 889	315 253	28 432	4 642	129 274	4 536	16 395	46 425	61 478	8 400	15 671	315 253

表 7-41　2050 年受水区水资源配置方案 （单位：万 m³）

省（区）	市级行政区	县级行政区	配置供水量						配置用水量									
			地表水	地下水	其他水源	引黄	西线	合计	城镇生活	农村生活	工业	建筑业	第三产业	农田	生态林草	牲畜	城镇生态	合计
宁夏	吴忠市	利通区	0	0	4 405	5 979	14 194	24 578	2 339	149	15 415	558	1 450	1 494	917	481	1 775	24 578
		红寺堡区	0	0	768	10 305	1 829	12 902	827	90	2 587	61	106	4 482	3 735	386	628	12 902
		盐池县	0	0	379	1 342	29 750	31 471	734	80	702	195	464	9 785	18 391	563	557	31 471
		同心县东部	0	0	253	2 426	5 319	7 998	578	63	320	25	124	2 049	3 905	496	438	7 998
		青铜峡市	0	300	1 230	5 859	8 375	15 764	1 290	140	8 392	302	417	1 833	2 337	75	978	15 764
		小计	0	300	7 035	25 911	59 467	92 710	5 768	521	27 415	1 141	2 561	19 643	29 285	2 001	4 376	92 713
	银川市	银川市区	0	4 757	6 579	11 463	37 685	60 484	7 694	97	28 215	2 737	10 186	2 777	2 711	229	5 838	60 484
		永宁县	0	4 380	2 245	7 923	0	14 548	1 025	111	6 156	583	829	2 259	2 625	182	778	14 548
		贺兰县	0	0	1 645	3 240	7 088	11 973	1 095	119	6 731	355	767	869	1 017	189	831	11 973
		灵武市	0	0	1 499	4 608	9 740	15 847	1 350	92	5 528	1 000	1 835	2 738	2 162	118	1 024	15 847
		小计	0	9 137	11 968	27 234	54 513	102 852	11 164	419	46 629	4 674	13 616	8 644	8 515	718	8 470	102 852
	中卫市	沙坡头区	0	0	0	7 266	0	7 266	545	59	0	0	0	4 027	2 635	0	0	7 266
		中宁县	0	0	0	13 578	0	13 578	478	52	0	0	0	8 358	4 690	0	0	13 578
		海原县	0	0	0	0	7 802	7 802	548	60	0	0	0	3 492	3 702	0	0	7 802
		小计	0	0	0	20 844	7 802	28 646	1 571	171	0	0	0	15 877	11 028	0	0	28 646
	石嘴山市	平罗县	0	730	1 729	6 262	11 058	19 779	1 142	124	9 026	991	1 281	3 007	3 145	197	866	19 779
		大武口区	0	2 652	2 224	1 013	11 632	17 521	1 708	21	11 309	214	2 539	3 007	0	434	1 296	17 521
		小计	0	3 382	3 953	7 275	22 690	37 300	2 850	145	20 335	1 205	3 820	3 007	3 145	630	2 163	37 300
	固原市	原州区	0	0	0	0	4 141	4 141	132	14	0	0	0	1 676	2 319	0	0	4 141
	宁东能源化工基地		0	0	4 933	20 000	17 367	42 300	0	0	42 300	0	0	0	0	0	0	42 300
	合计		0	12 819	27 889	101 264	165 980	307 952	21 485	1 270	136 679	7 020	19 998	48 846	54 291	3 349	15 009	307 952

续表 7-41

省(区)	市级行政区	县级行政区	配置供水量						配置用水量									
			地表水	地下水	其他水源	引黄	西线	合计	城镇生活	农村生活	工业	建筑业	第三产业	农田	生态林草	牲畜	城镇生态	合计
陕西	榆林	定边县	0	3 426	1 294	2 466	12 668	19 854	1 686	183	3 867	17	1 356	6 366	4 069	1 031	1 279	19 854
		靖边县	1 035	7 209	2 364	0	16 534	27 142	2 012	138	8 914	74	1 898	6 084	4 059	2 399	1 564	27 142
		小计	1 035	10 635	3 658	2 466	29 202	46 996	3 698	321	12 781	92	3 254	12 450	8 128	3 430	2 843	46 996
	延安	宝塔区	0	0	1 536	1 731	5 297	8 564	2 778	35	2 508	229	800	0	0	106	2 108	8 564
		安塞区	155	0	482	0	2 641	3 278	853	28	1 032	45	530	0	0	143	647	3 278
		吴起县	0	0	529	0	2 802	3 331	753	24	1 466	68	295	0	0	154	571	3 331
		志丹县	44	0	575	0	3 328	3 947	695	23	1 803	39	649	0	0	210	528	3 947
		小计	199	0	3 122	1 731	14 068	19 120	5 079	109	6 808	381	2 273	0	0	613	3 854	19 120
	合计		1 234	10 635	6 780	4 197	43 270	66 116	8 777	430	19 589	472	5 528	12 450	8 128	4 044	6 696	66 116
甘肃	庆阳	庆城县	0	0	1 172	0	6 284	7 456	1 183	128	4 105	106	817	0	0	235	882	7 456
		环县	0	0	1 542	2 466	6 373	10 381	1350	147	5 748	12	1 034	0	0	1 083	1 007	10 381
		华池县	0	0	1 140	0	5 766	6 906	569	62	5 005	102	375	0	0	369	424	6 906
		合水县	0	0	1 035	0	5 167	6 202	662	72	4 286	2	505	0	0	181	494	6 202
		小计	0	0	4 889	2 466	23 590	30 945	3 764	409	19 144	221	2 732	0	0	1 868	2 808	30 945
	民勤县		0	0	0	0	19 154	19 154	1 041	113	0	0	0	0	18 000	0	0	19 154
	合计		0	0	4 889	2 466	42 744	50 099	4 805	522	19 144	221	2 732	0	18 000	1 868	2 808	50 099
内蒙古	阿拉善盟	阿拉善左旗	0	0	0	5 246	49 911	55 157	305	33	0	0	0	26 370	28 449	235	0	55 157
	鄂尔多斯市	鄂托克旗	0	0	0	0	14 467	14 467	308	33	0	0	0	7 195	6 931	0	0	14 467
		鄂托克前旗	0	0	0	4 106	15 391	19 497	136	15	5 220	0	0	7 195	6 931	0	0	19 497
		小计	0	0	0	4 106	29 858	33 964	443	48	5 220	0	0	14 391	13 862	0	0	33 964
	合计		0	0	0	9 352	79 769	89 121	748	81	5 220	0	0	40 761	42 311	0	0	89 121
总计			1 234	23 454	39 558	117 279	331 763	513 288	35 814	2 303	180 632	7 714	28 257	102 057	122 729	9 261	24 513	513 288

8　供水工程规划研究

8.1　供水范围及供水量

综合考虑供水水源条件、区域自然条件,黄河流域生态保护和高质量发展需求,本次研究供水范围包括宁夏、陕西、甘肃、内蒙古等4个省(区),10个地市,28县(区、旗)及宁东能源化工基地、上海庙能源化工基地等。

本次研究设置了2035年和2050年两个水平年,鉴于远期2050年规划期较长,影响因素较多,不确定性较大,以2035年供水对象和供水量为主进行工程布局规划,同时兼顾远期2050年发展需求。远期可根据灌区规模、灌溉方式,可以新建管线或对现有供水工程进行改扩建或建设调蓄水库以优化调度方案,保证远期供水需求。

2016年,规划供水范围内供水人口719.4万人,牲畜956.9万头(只),农田灌溉面积123.1万亩,林草灌溉面积127.9万亩。考虑经济社会的发展,近期水平年2035年供水范围内人口增加到855.5万人,牲畜1 205.3万头(只),农田灌溉面积203.1万亩,林草灌溉面积326.4万亩。2035年总需水量31.52亿 m^3,水资源配置中考虑利用部分当地水,需本工程供水约为26.44亿 m^3,见表8-1。

表 8-1　工程供水范围及供水量　　　　　　　(单位:万 m^3)

分区	省(区)	城乡生活	工业、建筑业及第三产业	农田	林草	合计
河东 (黄河右岸)	宁夏	6 852	59 922	27 585	20 672	115 031
	陕西	11 194	14 588	1 710	756	28 248
	甘肃	3 674	14 435	0	0	18 109
	内蒙古	112	4 106	0	0	4 218
	小计	21 832	93 051	29 295	21 428	165 606
河西 (黄河左岸)	宁夏	3 663	48 451	8 204	10 059	70 376
	甘肃	957	0	0	22 000	22 957
	内蒙古	250	0	2 502	2 744	5 496
	小计	4 870	48 451	10 706	34 803	98 829
合计		26 701	141 501	40 001	56 231	264 433

整个灌区以黄河为界分为左、右(岸)两大系统。右岸灌区分属宁夏、内蒙古和陕西三省(区)。宁夏右岸灌区面积180万亩,控制范围为1 350 m高程以下,羊寿渠、七星渠

及青铜峡东干渠以上,涉及中卫、中宁、同心、吴忠、青铜峡、灵武等六县(市)部分地区,灌区主要分布在条件较好的中卫南山台子、同心清水河川地和红寺堡、吴忠的孙豹滩及苦水河川地、灵武的五里坡、石沟驿、狼皮子梁和临河堡等处。内蒙古灌区面积 30 万亩,东以鄂尔多斯台地西部 1 300 m 等高线为界,西至宁夏和内蒙古省界,南至清水营附近长城,北至上海庙镇以北的什拉滩,为自流灌区。陕西灌区 100 万亩,位于定边白于山以北、毛乌素沙地以南的滩地,地面高程 1 350~1 500 m,为扬水灌区。

左岸灌区分属宁夏、内蒙古和甘肃三省(区)。宁夏灌区主要选在贺兰山东麓洪积扇与黄河冲积平原之间的缓坡地带,主要分布在 1 300 m 高程以下,跃进渠和青铜峡西干渠以上,包括四眼井、高桥、甘城子、黄羊滩等处,面积 68.4 万亩,均为自流灌区。内蒙古河西灌区主要分布在阿拉善左旗贺兰山西麓洪积扇与腾格里沙漠东缘交接的槽形地带,该地带南部为乱井盆地,北至吉兰泰盐池。选择地形、土壤条件较好的乱井滩(地面高程 1 390~1 420 m)和腰坝滩(地面高程 1 340~1 360 m)发展灌溉面积 70 万亩,为扬水灌区。甘肃灌区面积 100 万亩,位于甘肃武威地区民勤县,均为生态林草,地面高程 1 310~1 370 m,均为扬水灌区。

8.2　工程总体布局

8.2.1　布局原则

工程总体布局遵循以下原则:

(1)符合城乡总体规划和供水规划,兼顾供水对象近远期发展需求,并考虑与已有供水工程的衔接,有利于供水范围内城乡的发展。

(2)根据水源、地形、地质等条件,结合当地经济状况,选择合适的输水方式;充分利用水源势能,高水高用,尽可能实现自流灌溉,节约运行成本。

(3)尽量避免渠系与沟、路交叉,减少交叉建筑物,处理好与现状灌区之间的关系,线路走向尽量平直,减少急转弯,以减少水头损失,通过多方案比选,优化设计,降低工程造价。

(4)尽量沿现有道路和规划道路一侧布置,避免穿越较大的居民点、重点埋地管线、人防军事设施等,尽量避开不良地质构造(地质断层、滑坡等)处,同时考虑便于工程施工、管理和运行维护的要求。

(5)尽量少占耕地或不占耕地,避免穿越自然保护区、封禁保护区等,减少水土流失,减少对生态环境的扰动。

8.2.2　工程布局

8.2.2.1　已有工作基础

多年来,黄河勘测规划设计研究院有限公司、宁夏水利水电勘测设计研究院有限公司等国内多家单位,对黑山峡河段工程、大柳树灌区等开展了大量工作,完成了大量科研、规划及设计成果,为开展本次工程布局工作奠定了良好的基础。

(1)《黄河大柳树灌区规划研究报告》(原黄河水利委员会勘测规划设计院,1990年5月)。

该规划中,大柳树灌区近期发展灌溉面积500万亩,其中左岸190万亩,右岸310万亩。本次规划研究,2035年发展灌溉面积524.6万亩(不包括定边和靖边现状24.2万亩),其中左岸238.4万亩,右岸286.2万亩,与《90规划》灌区总面积相差不大。

《90规划》中,通过对比黑山峡河段工程集中供水方案和分散供水方案,推荐采用黑山峡河段工程集中供水方案。其中:黄河右岸共布置了3条干渠,以宁东干渠为引水总干渠,经南山台子、跨清水河,绕烟洞山,在樊家庙折向东北,至长城边清水营处进入内蒙古鄂托克前旗,干渠全长291km。鄂托克前旗干渠自清水营处接宁东干渠,往北延续46km。陕西干渠从宁东总干渠162+000处扬水,经五级泵站扬水,入陕西后沿白于山顺等高线东行,最终抵达靖边县西芦河旧城水库,渠道全长322.83km。右岸总干渠的引水流量为126.6m³/s,其中宁夏72.0m³/s、内蒙古18.6m³/s、陕西36m³/s。

黄河左岸布置了2条干渠,以宁西干渠为总干渠,经长流水沟,过腾格里沙漠,最后进入银川市郊镇北堡至暖泉,干渠全长257km。内蒙古阿拉善左旗干渠从宁西干渠38+000处分水,经提水穿过贺兰山余脉大豁口,绕行乱井盆地,过骡子山、长流水沟至腰坝,全长231km,左岸总干渠引水流量84.2m³/s,其中宁夏48.0m³/s、内蒙古36.2m³/s。

(2)《黄河黑山峡河段开发论证报告》(原黄河勘测规划设计有限公司,2014年9月)。

该报告中对黑山峡河段工程集中供水方案及分散供水方案进行了比选,推荐了集中供水方案。对甘肃民勤县供水方案进行了南线引水方案和北线引水方案比选。南线引水方案总干渠渠首位于景泰县五佛乡黄河干流泵站,引水干渠沿景泰扬水总干渠设12级泵站,净扬程470m,扬水至石峡子,再向西北自流,沿途分别向古浪县的黄花滩灌区和武威市长城乡灌区分水,最后渠线沿石羊河右岸,引水至石羊河的红崖山水库。干渠渠线总长258km,其中渠道233km,渡槽2.07km,暗渠15km,隧洞1.23km。全线规划泵站12座,净扬程470m,总扬程575m,年用电量14.39亿kW·h。估算工程静态总投资为40.41亿元。

北线总干渠渠首位于大柳树坝址左岸宁夏中卫县长流水沟口,穿越腾格里沙漠,途经团不拉水、大芨芨湖、查拉湖庙、哈沙图、四道山、三道山、二道山、青山、白土井到小坝口吕家庄进入跃进总干渠,渠线全长247km,其中:暗渠30km,明渠23km,渡槽0.25km,座槽138.5km,隧洞51km,规划泵站3座,净扬程130m,总扬程165m,泵站3座,装机容量141.0MW,年用电量4.09亿kW·h。

经技术经济比较,从长期运用条件分析,北线引水方案比较经济,因此以北线方案作为向民勤县供水的代表方案。

(3)《宁夏中南部后备土地利用现状规划研究(送审稿)》(宁夏水利水电勘测设计研究院有限公司,2018年12月,以简称《宁夏土地利用规划》)。

该研究中黑山峡河段工程供水范围在《90规划》中的灌溉面积基础上,新增了灌区相应地区的工业生活用水,包括甘肃民勤县生态灌区和陕甘宁革命老区生活供水,并兼顾改善现有5大扬水灌区灌溉条件。灌区规模近期548.75万亩,其中左岸238.51万亩,右岸

310.24万亩。《90规划》《宁夏土地利用规划》与本次规划近期规划灌溉面积对比情况，见表8-2。

表 8-2　近期规划灌溉面积对比

规划成果	灌区		规划灌溉面积(万亩)					总计
			宁夏	内蒙古	陕西	甘肃	合计	
《90规划》	河东灌区	自流	180	30			210	310
		扬水			100		100	
	河西灌区	自流	120				120	190
		扬水		70			70	
	合计	自流	300	30	0	0	330	
		扬水	0	70	100	0	170	500
		小计	300	100	100	0	500	
宁夏	河东灌区	自流	180.24	30			210.24	310.24
		扬水			100		100	
	河西灌区	自流	68.51				68.51	238.51
		扬水		70		100	170	
	合计	自流	248.75	30			278.75	
		扬水	0	70	100	100	270	548.75
		小计	248.75	100	100	100	548.75	
本次研究	河东灌区	自流	180.4	30			210.4	310.4
		扬水			100		100	
	河西灌区	自流	68.43				68.4	238.4
		扬水		70		100	170	
	合计	自流	248.8	30	0	0	278.8	
		扬水	0	70	100	100	270	548.8
		小计	248.8	100	100	100	548.8	

　　该研究提出的供水工程布局总体上延续了《90规划》的布局，根据现状供水对象对局部进行了调整和细化。其中：大柳树东干渠设计引水流量为 200 m³/s，宁夏境内总长 260 km。陕西扬水干渠自大柳树东干渠桩号 145 km 附近(红寺堡区樊家庙)处建站扬水，取水位 1 325 m，分水流量 $Q_{陕西}$ = 35 m³/s。内蒙古干渠自东干渠末端分水，分水流量 $Q_{内蒙古}$ = 9 m³/s。西干渠自大柳树坝址左岸 1 350 m 取水后，穿夜明山隧洞，经腾格里沙漠东缘，于西夏陵区北侧折向西，大体至 1 200 m 等高线折向北，止于贺兰县暖泉，全长 240 km。大柳树西干渠设计引水流量为 90 m³/s，其中，内蒙古干渠分水 $Q_{内蒙古}$ = 21 m³/s，甘肃干渠

分水 $Q_{甘肃}$ = 30 m³/s。

（4）《陕甘宁革命老区供水工程规划报告》（黄河勘测规划设计研究院有限公司，2021年3月）。

该规划工程供水范围包括：受水区范围拟定为陕西延安市宝塔区、安塞区、吴起县和志丹县，榆林市定边县、靖边县；甘肃庆阳市环县、华池县、庆城县、合水县；宁夏吴忠市盐池县、红寺堡区、同心县东部地区，共计13个县（区）。供水任务主要是解决受水区城乡生活、畜牧养殖及工业用水。

该规划中，通过比较黑山峡河段工程集中供水方案和青铜峡供水方案，推荐黑山峡河段工程集中供水方案，并对黑山峡河段工程集中供水方案不同线路进行了比选。推荐工程布局为：从大柳树坝址直接引水，设计流量为15.62 m³/s，建设重力自流输水箱涵30.8 km至羊坊滩附近（苦水河旁，地面标高1 320 m）。然后，新建羊坊滩泵站，分别向同心、陕西、甘肃供水。工程线路总长度933.1 km，其中主线长550.5 km（箱涵长度117.8 km，隧洞89 km，渡槽长度11.2 km，管道长度332.5 km），支线长382.6 km（隧洞长度26 km，管道长度356.6 km）。

（5）银川都市圈供水研究。

银川都市圈是指以银川市为中心，构建包括石嘴山市、吴忠市利通区、青铜峡市和宁东能源化工基地、滨河新区、综合保税区、空港物流园在内的都市圈。宁夏水利水电勘测规划设计研究院有限公司针对黄河以东、以西分别开展供水方案研究。

2018年4月完成的《城乡西线供水工程水源部分可行性研究报告（送审稿）》，主要涉及银川都市圈黄河以西地区，包括吴忠市的青铜峡市、银川市的3区2县（西夏区、金凤区、兴庆区、永宁县、贺兰县）和石嘴山市的大武口区和平罗县，不包括石嘴山市惠农区。该研究推荐的工程布置如下：

在黄河青铜峡库区左岸金沙湾设置黄河取水泵站，扬水进入西夏渠，改造利用西夏渠输水，至西夏渠末端入西夏水库，改造并扩建西夏水库作为银川市片区的调蓄水库，向拟建的银川水厂供水；由西夏渠末端接石嘴山支线向北至大武口调蓄水库。整个水源工程输水线路总长143.9 km，其中，黄河泵站压力管道5.3 km，西夏渠66.3 km，石嘴山支线72.3 km；新建泵站1座、调蓄水库2座，改造调蓄水库1座。

2018年7月完成的《银川都市圈城乡东线供水工程供水方案》，供水范围为银川都市圈黄河以东地区，包括吴忠市利通区、青铜峡市（青铜峡镇河东部分以及峡口镇）、灵武市。不包括灵武市宁东工业园区、灵武电厂（黄河直接取水）、灵武市磁窑堡供水（宁东供水覆盖）。该研究通过比选集中供水方案（东干渠水源）和分散供水方案（东干渠+华电取水泵站水源），推荐集中供水方案。推荐方案工程布局如下：从东干渠0+550处取水，其后新建水源泵站及节制闸，通过压力管线沿东干渠输水至新规划的关马湖沉沙调蓄池。经沉沙后，一部分原水自流至金积水厂南侧扩建的金积调蓄池，入金积水厂处理后供孙家滩受水区、利通区、利通区周边农村人饮、工业用水以及青铜峡青镇受水区；一部分原水出库后接入新建的灵武市水厂，经处理后沿东干渠布置，沿线直接接入现状农村人饮供水站供农村人饮，末端输送至灵武市受水区现状净水厂后入现状管网供灵武市城市用水及工业用水。该方案共布置加压泵站2座，分别为黄河水源泵站、孙家滩支线泵站；沉沙调蓄水池 2 座,即新建的关马湖沉沙调蓄池及扩建的金积调蓄水池;扩建东干渠 550 m,主输供水管线 1 条,供水支线 4 条,总长 132.42 km,其中输水总管长 17.75 km,供水支线长 114.67 km。

(6)《清水河流域城乡供水工程可行性研究报告》。

2020 年 4 月,自治区发改委以宁发改农经审发〔2020〕27 号批复了该可研;6 月,水利厅以宁水审发〔2020〕64 号批复该项目初步设计。清水河流域城乡供水工程供水范围涉及中卫市沙坡头区香山乡和兴仁镇,中宁县南部的大战场、长山头、喊叫水、徐套乡、海原县全部,吴忠市红寺堡区大河乡西部河石碳沟,同心县中西部的预海、石狮、王团、丁塘、河西、兴隆、窑山等 3 市 6 县(区)42 个乡镇 135.75 万人,其中城镇人口 34.09 万人,农村人口 101.66 万人。

中卫申滩至清水河入河口段布设 20 眼辐射井群取浅层地下水,通过 19.45 km 管道自流输水至赵滩后,新建 4 级泵站加压扬水,沿清水河西岸布设 195.65 km 输水管道,输水至固原市原州区新材料园区,与中南部城乡饮水工程管网连接,沿线新(改)建 9 座净配水厂向同心、海源、原州区等各受水区供水。

该工程由取水、输水、调蓄、净水等工程组成,新建辐射井群 20 眼、加压泵站 4 座、调蓄水池 7 座,铺设输水主管道 195.65 km,新建净水厂 5 座,改造净水厂 4 座,配套各类建筑物、供电和电器自动化设施设备等。

8.2.2.2 本次研究工程布局

本次研究供水对象中灌溉规模与《宁夏中南部后备土地利用现状规划研究》《90 规划》基本一致;涉及的陕甘宁供水范围与《陕甘宁革命老区供水工程规划报告》基本相同;银川都市圈供水范围与宁夏省院完成的银川都市圈供水范围基本一致。因此,本次研究以上述成果工程布局为基础,重点根据供水对象及规模对工程布局进行复核。

本次研究中既有农业也有工业生活供水,两者供水时段、供水保证率存在差异。宁夏河段存在冬季容易结冰影响供水的问题,封冻期一般从 12 月初至次年 2 月底或 3 月初,历时约 3 个月。由于农业用水主要集中在 4~9 月,冬灌多在 12 初封冻之前,因此农业供水多采用明渠,如《90 规划》报告中全部采用明渠。工业生活用水全年均匀且保证率高,为了减少冬季结冰影响,《陕甘宁革命老区供水工程规划报告》中主要供给工业生活,采用箱涵和管道。若农业和工业生活供水共用明渠,冬季封冻时间需要新建或者利用已有调蓄水库;初步匡算,黄河左岸、右岸需要调蓄库容分别为 2 亿 m³ 和 3 亿 m³。若采用明渠与箱涵管道并行,明渠供给农业,箱涵管道供给工业生活,则可以减少调蓄工程。考虑现状 4 省(区)供水范围建设有众多水库可以利用,可进一步优化现有水库调度运行,减少新建调蓄工程,因此本次研究工程布局以干渠为主。

黄河右岸陕甘宁地区,除了工业和生活供水,还包括定靖灌区供水。《90 规划》中,只考虑了农业供水,采用的明渠,且考虑了近远期灌区发展,渠道绕道盐池附近的下王庄。《陕甘宁革命老区供水工程规划报告》只考虑了工业和生活供水,主要采用管道输水。但两研究成果中,进入陕西境内后工程线路走向基本一致。本次研究中,近期定靖及延安工业和生活引水流量为 12.2 m³/s,远期将达到 20.17 m³/s;而定靖灌区近期引水流量为 22.7 m³/s,远期定靖灌区引水流量约 29 m³/s。鉴于近期工业和农业灌溉总引水流量为

29.12 m³/s,与远期灌区供水规模基本一致。因此,本次研究考虑定靖延安工业、生活及农业供水采用同一管线供给。远期,根据经济社会发展及灌区发展变化,结合工程沿线的辛圈水库、新桥水库、张家峁水库调整管线供水任务。下阶段进一步对沿线水库库容进行分析,据此提出水库规模、改扩建方案以及调度运行方式等。

1. 黄河右岸工程布局

黄河右岸由一条自流干渠、2 条提水干渠(管)组成,另外包括若干支线。以宁东干渠为引水总干渠,渠首最大引水流量 237.1 m³/s,沿线满足供水范围内宁夏灌区灌溉及工业生活供水要求,改善南山台子、固海扬水、固海扩灌、红寺堡扬水、盐环定扬水等 5 处扬水工程(引水流量 82.37 m³/s)的灌溉条件,同时满足清水河流域城乡供水工程(引水流量 2.0 m³/s),以及宁夏银川都市圈河东吴忠市利通区、青铜峡市(青铜峡镇河东部分以及峡口镇)、灵武市的工业生活供水。从宁东干渠 145+000 分水供给陕西定边灌区及榆林、延安、甘肃庆阳等地区的工业和生活用水,分水流量 38.12 m³/s,然后经由陕西干渠沿程分水给供水对象。从东干渠 250+000 桩号和 260+000 分水接入原供水系统,分别供给宁东能源化工基地和上海庙能源化工基地的工业生活,分水流量分别为 22.5 m³/s 和 6.5 m³/s。鄂托克前旗总干渠从宁东总干渠末端引水,为鄂托克前旗灌溉及工业和生活供水,引水流量 10.9 m³/s。

2. 黄河左岸工程布局

黄河左岸输水干渠系统由 1 条自流输水干渠和 2 条扬水干渠组成,分别承担宁夏和内蒙古、甘肃等 3 省(区)近期灌区及工业和生活的供水任务。以宁夏西干渠为总干渠,从黑山峡河段工程库区引水,最大引水流量 93.1 m³/s,从 2+000 分水至民勤总干渠,供给民勤县的生态灌区及部分工业和生活用水,引水流量 30.4 m³/s;内蒙古阿拉善左旗总干渠,分水流量 21.1 m³/s;沿线供给银川都市圈河西部分及其灌溉范围工业生活供水 43.6 m³/s。黑山峡河段工程总体布局分段情况见表 8-3。

表 8-3 黑山峡河段工程总体布局分段情况

序号	线路名称	输水方式	供水对象	分水位置	终止位置	供水流量 (m³/s)	线路长度 (km)	净扬程 (m)
一	宁东总干渠	明渠	沿线农业灌溉及工业和生活用水	黑山峡河段工程库区 1 350 m	内蒙古清水营	237.1	260	
1	清水河流域城乡供水工程	管道	同心、中宁等地共用生活用水	宁东干渠 49+000	固原	2.00		533

续表 8-3

序号	线路名称	输水方式	供水对象	分水位置	终止位置	供水流量（m³/s）	线路长度（km）	净扬程（m）
2	红寺堡支线	管道	红寺堡、孙家滩工业和生活用水	宁东干渠114.2+000	鲁家窑水库	1.50	12.9	51
3	同心东部支线	管道	同心东部工业和生活用水	宁东干渠145+000	同心	0.65	48.7	222
4	陕甘宁干管	管道		宁东干渠145+000	刘家沟泵站	43.96	30.8	80
4.1	陕西专线	管道		刘家沟泵站	新桥水库	34.93	208.9	
（1）	定边支线	管道	定边工业、生活和农业用水	定边出水池	定边县城	13.17		
（2）	靖延支线	管道		定边出水池	新桥水库	21.76		
①	靖边支线	管道	靖边工业和生活用水	新桥水库附近	张家峁水库	16.19	45.1	
②	延安支线	管道	延安宝塔区、安塞区、吴起县、志丹县工业和生活用水	新桥水库附近	王窑水库	5.57	194	
4.2	甘肃专线	管道	庆城县、环县、华池县、合水县工业和生活用水	刘家沟泵站	庆城	8.02	240.9	100

续表 8-3

序号	线路名称	输水方式	供水对象	分水位置	终止位置	供水流量（m³/s）	线路长度（km）	净扬程（m）
4.3	太阳山开发区及盐池支线	管道	盐池县工业和生活用水	刘家沟泵站	刘家沟水库	1.01	1.00	
5	宁东能源化工基地	管道		宁东干渠 250+000	鸭子荡水库	22.5		
6	上海庙能源化工基地	管道		宁东干渠 260+000	水洞沟	6.5		
7	托克干渠	明渠	鄂托克前旗工业、生活和农业用水	宁东干渠 260+001	鄂托克前旗	10.9	46	
二	宁西总干渠	明渠		黑山峡河段工程库区 1 350 m	贺兰县暖泉	95.2	240	
1	民勤干渠	明渠	民勤农业及少量生活用水	宁西总干渠 2+000	红崖山水库	30.4	247	150
2	内蒙古阿拉善左旗干渠	明渠	阿拉善左旗农业及少量生活用水	宁西总干渠 39+250	腰坝	21.1	167	95

8.3 工程布置及规模

8.3.1 黄河右岸供水系统

黄河右岸供水系统供水范围为宁夏吴忠市、银川市、中卫市、石嘴山市、固原市的河东地区,陕西榆林和延安,甘肃庆阳,内蒙古鄂托克(前)旗四区域,具体包括其中 13 个县(区)的 275.2 万亩农业灌溉用水及 22 个县(区)的工业和生活用水。2035 年需要黑山峡河段工程供水量为 16.56 亿 m³。

8.3.1.1　引水规模

1. 农业引水规模

农业灌溉面积包括新增灌区灌溉面积及改善现有灌区灌溉面积。新增灌区均从黑山峡河段工程引水灌溉。目前,现有的灌区主要采用扬黄灌溉,存在灌溉扬程大、年运行费用高等问题,建设黑山峡河段工程后,规划从宁东干渠引水,可将位于总干渠高程以下的灌区改为自流,总干渠高程以上的灌区提水扬程降低。因此改善灌溉面积拟采用黑山峡河段工程水源替换现有水源。

本次规划研究中农业灌溉面积大,是主要供水对象,引水工程规模主要由农业引水规模决定,因此采用 2035 年灌溉面积及灌水率(灌水模数)进行引水流量分析。

1) 设计灌水率

(1) 灌溉方式。

灌区灌溉方式根据作物、地形、土壤、水源和社会经济等条件综合分析论证。参考《宁夏引黄现代化生态灌区建设规划(2016—2025 年)》《宁夏固海灌区续建配套与节水改造工程可行性研究报告》,为了减少蒸发渗漏损失,输配水效率,渠系主要采取渠道混凝土防渗衬砌和管道输水相结合的输水方式,干、支渠采用混凝土衬砌,斗、农渠采用管道输水。田间灌溉采用相对节水的小畦灌溉、微灌或喷灌为主的高效节水灌溉方式,实现水资源利用效率的最大化。干、支渠渠道采用续灌方式;斗、农渠设计采用轮灌方式。

(2) 灌溉制度拟定。

本次灌溉范围涉及宁夏、内蒙古、陕西、甘肃四省(区),近期灌溉面积共 524.5 万亩,主要分布在宁夏,共 248.8 万亩,占总灌溉面积的 47.4%。因此,以宁夏为典型进行灌溉制度设计,其他省(区)区参照宁夏的取值。

参考审查通过的《宁夏引黄现代化生态灌区建设规划(2016—2025 年)》《黄河上中游地区及下游引黄灌区节水潜力深化研究》等有关成果,确定作物种植比例(见表 8-4);灌水次数及作物净灌溉定额主要依据《宁夏农业灌溉用水定额》确定。

表 8-4　作物种植结构　　　　　　　　　　　　　　　　　(%)

作物	小麦	玉米	薯类	油料	药材	瓜菜	果树	林木(含防护林)	生态草场
种植比例	11.47	19.56	1.10	0.79	0.58	10.36	9.64	27.07	19.45

灌水率采用下式计算:

$$q = \frac{\alpha m}{8.64T}$$

式中　　q——净灌水率,$m^3/(s \cdot 万亩)$;

$\quad\quad m$——灌水定额,$m^3/亩$;

$\quad\quad \alpha$——作物种植比例(%);

$\quad\quad T$——灌水延续时间,d。

经计算,设计灌水率取 0.3 $m^3/(s \cdot 万亩)$。

2) 引水规模

经分析,黄河右岸 2035 年农业灌溉面积 286.2 万亩,农业引水流量 85.8 m^3/s,其中宁夏灌区引水流量 54.1 m³/s,陕西灌区引水流量 22.7 m³/s,鄂托克旗干渠引水流量 9.0 m³/s。另外,改善南山台子、固海扬水、固海扩灌、红寺堡扬水、盐环定扬水等 5 处扬黄灌区,按照原引水规模计,共 82.37 m³/s。综上,右岸灌溉总引水流量 168.2 m³/s。右岸引水规模见表 8-5。

2. 工业和生活供水

依据《室外给水设计标准》(GB 50013—2018),城乡供水工程需要计及配水管网的漏损水量和未预见水量等。本次设计管网漏损水量、未预见水量及水厂自用水量分别取相应计算基数的 10%、8% 和 5%;考虑到输水工程较长,从水源到自来水厂的管线损失水量计及 4%。鉴于水厂供水规模为最高日供水量,故供水管线流量在平均流量基础上考虑1.1 日变化系数。

表 8-5 黄河右岸供水系统干渠引水规模汇总

| 序号 | 分项 | 现有灌溉面积（万亩） | | | 新增灌溉面积（万亩） | | | 大柳树右岸引水流量（m³/s） | | |
		农田	林草	合计	农田	林草	合计	现有灌溉	新增灌溉	合计
一	灌区供水	70.95	58.13	129.08	57.17	99.91	157.08	121.1	47.1	168.2
1	宁夏东灌区	70.83	57.95	128.78	15.47	36.11	51.58	38.6	15.5	54.1
2	陕西灌区	0	0	0	29.8	46	75.80	0	22.7	22.7
3	鄂托克旗灌区	0.12	0.18	0.3	11.9	17.8	29.7	0.1	8.9	9.0
4	改善灌区			78.37				82.37		82.37
4.1	南山台子			6.67				6.67		6.67
4.2	固海扬水			20				20		20.0
4.3	固海扩灌			12.7				16.7		16.7
4.4	红寺堡扬水			28				28		28.0
4.5	盐环定扬水			11				11		11.0
二	能源化工基地									29
1	宁东能源化工基地									22.5
2	上海庙能源化工基地									6.5
三	工业生活供水									39.9
1	宁夏									17.8
2	陕西									12.2
3	内蒙古									1.9
4	甘肃									8.0

续表 8-5

序号	分项	现有灌溉面积（万亩）			新增灌溉面积（万亩）			大柳树右岸引水流量（m³/s）		
		农田	林草	合计	农田	林草	合计	现有灌溉	新增灌溉	合计
四	右岸总引水流量									237.1
1	宁东总干渠									182.3
2	陕甘宁干渠-农业									22.7
3	陕甘宁干渠-工业生活									21.2
4	鄂托克旗干渠									10.9

注:宁夏工业生活供水中盐池供水 1.01 m³/s 由陕甘宁干管供给。清水河流域城乡供水引水流量 2.0 m³/s 纳入宁夏工业生活供水。

经分析,工业生活供水流量 39.9 m³/s,其中宁夏 17.8 m³/s,陕西 12.2 m³/s,甘肃 8.0 m³/s,内蒙古 1.9 m³/s。

3. 总引水规模

东干渠渠首总引水流量 237.1 m³/s。根据供水对象分布及地形地势,沿途主要设置 11 处分水口,各分水口位置及分水流量见表 8-6。

表 8-6　黄河右岸供水系统主要分水口位置及分水规模

序号	名称	桩号	分水流量（m³/s）	渠道流量（m³/s）
一	东干渠			
1	渠首	0+000	237.1	
2	南山台子扬水接口	24+800	6.7	157.4
3	同心扬水接口	49+000	8.0	150.7
4	固海扬水接口	62+000	20.0	142.7
5	固海扩灌扬水接口	71+150	16.7	122.7
6	红寺堡扬水接口	83+200	34.3	106.0
7	陕西干渠泵站	145+000	22.7	71.7
8	盐环定扬水接口	166+700	11.0	49.0
9	宁东能源化工基地	250+000	22.5	38.0
10	上海庙能源化工基地	260+000	6.5	15.5
11	长城宁蒙分界（内蒙古）	260+000	9.0	9.0

8.3.1.2 总干渠渠首引水水位

1. 黑山峡水库特征水位

根据 1992 年水利部天津勘测设计研究院完成的《黄河黑山峡河段工程可行性研究报告》,黑山峡河段工程推荐水库正常蓄水位 1 377 m、汛限水位 1 355 m,死水位前 20 年为 1 340 m、后 30 年为 1 330 m。

原黄河勘测规划设计有限公司于 2010 年 11 月完成的《黄河黑山峡河段开发论证报告》、2014 年 7 月完成的《大柳树水利枢纽调水调沙功能作用分析专题报告》,黄河黑山峡河段一级开发方案(黑山峡枢纽)推荐水库汛限水位为 1 365 m。

大柳树生态灌区引水干渠的水位主要与枢纽的汛限水位和死水位有关,基于以往研究成果,本研究暂取汛限水位 1 365 m、死水位 1 330 m。

2. 水库运用方式

黑山峡水库上游调节能力较强的水库有龙羊峡水库和刘家峡水库。龙羊峡为多年调节水库,在全河水资源配置中地位非常重要。水库一方面拦蓄汛期洪水,补充枯水期水量;另一方面可利用多年调节库容存储多个丰水年的多余水量,以弥补枯水年或特枯水年的水量之不足。龙刘两库一般 6~10 月蓄水,11 月至次年 5 月供水。

黑山峡水库建成生效后,宁蒙河段供水和防凌任务主要由黑山峡水库承担,根据黑山峡水库工程的开发任务和防凌、减淤、防洪、工农业供水等运用方式初步研究成果,黑山峡水库分时段运用方式如下。

1)7~9 月

7~8 月,黑山峡水库一方面利用汛期限制水位和死水位之间的库容调水调沙运用,调节恢复有利于河道输沙的流量过程,减少河道淤积、长期维持宁蒙河段中水河槽行洪输沙功能,并为中游骨干工程联合调水调沙提供水流动力条件;另一方面承担宁蒙河段的防洪任务;在枯水年份,泄放汛限水位至死水位之间的水量,满足发电及下游工农业用水要求。9 月黑山峡水库来沙量较小,来水量较多,可蓄水运用。

2)10~11 月

10 月水库原则上允许蓄水至正常蓄水位,但考虑到 11 月下旬需腾出防凌库容,为了避免泄流过程变化过大,结合防凌库容的需要,适当限制 10 月的水库蓄水。为满足宁蒙河段流凌封河期控泄流量要求,11 下旬黑山峡水库适当加大下泄流量,以形成较高的冰盖,减少槽蓄水增量,同时腾空防凌库容。

3)12 至次年 4 月

12 月至次年 3 月为水库防凌运用时期。黑山峡水库按防凌运用要求控制下泄流量,拦蓄凌汛期水库来水,3 月底允许蓄至正常蓄水位;4 月水库在水库没有蓄满时可继续蓄水,以备灌溉季节之需。

4)5~6 月

5~6 月为宁蒙灌区的主灌溉期,由于天然来水量不足,需自下而上由水库补水,补水次序为先黑山峡水库,如不足再由刘家峡水库、龙羊峡水库补水。在 6 月下旬,根据水库蓄水情况,黑山峡水库尽可能利用汛期限制水位以上的蓄水,结合腾空防洪库容要求,集中大流量下泄(流量 2 500~3 000 m³/s)冲刷宁蒙河道,并为中游骨干工程调水调沙提供水流动力,至6月底降至汛限水位。考虑到目前上游龙、刘水库大量拦蓄汛期水量,使黄河中下游汛期水沙关系不协调的局面加剧,要求黑山峡水库必须对龙羊峡、刘家峡水库的发电流量进行反调节,增加汛期下泄水量。在枯水年份,为了满足下泄流量要求,6月底水位可降低至汛限水位以下。

3. 大柳树引水干渠的引水水位

大柳树干渠的引水水位在水库的死水位与汛限水位之间选择,即1 330～1 365 m。《90规划》拟定的大柳树右岸东干渠引水水位为1 350 m,左岸西干渠引水水位为1 330 m。

大柳树干渠以明渠输水为主,为了冬季防冻,在12月及次年3月底之间暂不考虑输水运行。而且,大柳树干渠以灌溉为主,作物生育期用水主要在4～8月。因此,为了渠道运行安全和农田灌水需要,干渠引水水位主要取决于黑山峡水库3～8月的运行调度方式。

根据黑山峡水库的运行方式,7～8月水库在汛限水位和死水位之间运用,在7月底降至死水位后开始回蓄,9月底蓄水至汛限水位。

对于大柳树东干渠而言,按照自流灌溉对水位的要求,主要是对宁夏南山台子扬水(三干渠起始水位1 356.59 m)、同心扬水、固海扬水(五干渠起始水位1 350.05 m)、红寺堡扬水(三干渠起始水位1 350.47 m)灌区的扬水改自流面积,以及内蒙古鄂托克前旗灌区比较敏感;从地形条件分析,主要是南山台子和红寺堡地区的地势较高,而且村庄比较密集,干渠水位在1 345～1 350 m比较合适。由此推算大柳树东干渠的引水水位在1 350～1 360 m比较合适。

综合上述分析,本研究仍按东干渠引水水位1 350 m进行大柳树引水干渠的工程规划研究。

8.3.1.3　工程总布置

1. 宁东干渠

宁东干渠自黑山峡河段工程右岸1 350 m高程取水,首先穿过1.0 km引水隧洞至冰沟,经长100 m渡槽越过冰沟后,再穿引水隧洞6.6 km。出峡谷后,依山建渠长约10 km至崾岘子沟,该渠段线路复杂,交叉建筑物较多。过崾岘子沟后,干渠进入开阔的南山台子,并行于南山台子扬水三干渠和同心扬水三干渠,约62 km至清水河畔左岸的牛断头以渡槽跨越清水河,然后直接隧洞穿越清水河右岸的烟筒山,约83 km于中宁县恩和乡南部的红寺堡扬水三泵站出水池附近出山进入红寺堡灌区,基本上并行红寺堡扬水三干渠自西向东,于水套村东侧跨越苦水河,向北约145 km处至红寺堡区太阳山镇的樊家庙向陕西干渠分水。东干渠向北经达拉池、石沟驿、大柳毛子等地一路自流蜿蜒北行,至167 km附近跨越盐环定扬水三干渠,约250 km至宁东鸭子荡水库,进入宁东能源化工基地,以暗渠倒虹方式穿越基地抵达古长城附近的蒋家窑进入内蒙古鄂托克前旗,并从此连接右岸的内蒙古自流干渠。干渠末端至宁蒙边界的水位约1 305 m。

大柳树东干渠宁夏境内总长260 km,其中,穿越烟洞山、烟筒山隧洞总长21.8 km,跨越清水河、苦水河等较大河流、沟道渡槽总长16.1 km,穿越宁东能源化工基地有压渠涵总长16.5 km。此外,大柳树东干渠在205～243 km连续穿越白芨滩国家级自然保护区试验区,长度 38 km。

2. 陕甘宁干管

陕甘宁干管主要供给延安市的吴起县、志丹县、宝塔区、安塞区,榆林市的定边县、靖边县,甘肃省庆阳市的环县、华池县、庆城县、合水县,宁夏回族自治区吴忠市的盐池县、红寺堡区、同心县东部地区,共计 13 个县(区)的工业生活供水,以及榆林农业供水。其工业生活供水范围与《陕甘宁革命老区供水工程规划报告(黄河勘测规划设计研究院有限公司,2021 年 3 月)》完全一致。鉴于以上规划做了详细的工程布置分析,本次研究直接采用该规划工程布置,仅对工程规模进行复核。

本次 2035 年水平年陕甘宁总供水规模 44.0 m^3/s,其中陕西工业生活供水 12.2 m^3/s,农业供水 22.7 m^3/s;远期陕西工业生活供水约 20 m^3/s。考虑近远期结合,此次陕西工业生活和农业共用一条管道供水。陕甘宁工业生活供水采用管道输送,自大柳树东干渠至红寺堡区(东干渠 83+000)分出红寺堡支线(供给红寺堡用水)后,向东北方向沿着海天线(G338)敷设 30.8 km 至羊坊滩附近(东干渠 145+000,苦水河旁,地面标高 1 320 m)。在此新建羊坊滩泵站,含两大泵组,一组向南供至同心(同心东部支线),即自羊坊滩泵站同心泵组接出,沿盐环定干渠向南经二级提升后至小西沟水库附近,后接配套工程,支线流量 0.65 m^3/s。主线继续向东北方向沿着定武高速(G2012)供至刘家沟水库附近分出盐池及太阳山(太阳山及盐池支线)用水后,新建刘家沟泵站,含两大泵组,一组为甘肃专线,一组为陕西专线,陕西专线用水经新建刘家沟泵站提升后,沿着银榕线(G211)向南敷设至定武高速(G2012),沿着 G2012 向东至李纪坝,向南穿越 G2012,进而向东南方向沿着陕甘宁盐环定扬黄宁陕共用工程敷设至与陕西专用工程分界处的牛家口子附近(地面标高 1 459.78 m),新建牛家口子泵站将往陕西方向用水继续提升至咚咚山隧洞(地面标高 1 534 m,隧洞至陕西各用水对象均为重力自流),经新建隧洞后重力自流至辛圈(地面标高 1 405 m),途经上沟分出定边支线。主干线继续向东沿着 G307 经砖井镇、安边镇后敷设至靖边县新桥水库附近(地面标高 1 380 m)。

陕甘宁主线沿线共分出 5 条支线。

(1)太阳山及盐池支线:自主干线至刘家沟泵站前接出,至刘家沟水库附近,后接配套工程。支线流量 1.01 m^3/s。

(2)甘肃专线:从刘家沟泵站向南沿着 S211 至甜水镇南(地面标高 1 500 m),向东南方向新建隧洞至山城西北侧,后管道沿着 S211 继续向南敷设至庆城,后接配套工程。支线流量 8.02 m^3/s。

(3)定边支线:在主管线上沟附近直接接出,后接配套工程。支干线流量 13.2 m^3/s。

(4)靖边支线:在主线末端新桥水库往东至张家峁水库,支线流量 16.2 m^3/s。

(5)延安支线:在主线末端新桥水库向南往延安方向供水至王窑水库(1 190 m),支线流量 5.6 m^3/s。

3. 鄂托克旗干渠

鄂托克旗干渠自大柳树东干渠桩号 260+000 蒋家窑分水,往东至王家梁高位水池,然后至鄂托克前旗 46+000 处,供给鄂托克旗及鄂托克前旗灌溉面积 29.7 万亩,以及部分工业和生活供水,分水流量 10.9 m^3/s。

4. 调蓄水库

大柳树东干渠供水对象多、任务重,除了生态灌区灌溉用水,还有宁夏的宁东、陕西的榆林、内蒙古的鄂尔多斯等国家重要的能源基地供水任务,建设调蓄工程对合理确定干渠规模和运行调度方案、确保当地工农业生产和城乡居民生活供水、提高供水保证率极为重要。

根据东干渠沿线的地形地质条件,规划新建樊家庙水库,与陕西干渠的取水口结合布置,可以为陕西干渠调节供水。

拟选的樊家庙水库位于吴忠市红寺堡区东部的太阳山镇,坝址以上集水面积 10 km², 属沟脑洼地。拟由大柳树东干渠 145 km 附近引水入库,东干渠水位 1 325 m 左右,水库总库容 3 500 万 m³,其中调节库容 3 000 万 m³,最大坝高 38 m,采用碾压式均质土坝。

5. 宁东能源化工基地供水工程

现状宁东能源化工基地供水工程由银川东部的黄河右岸取水,经两级扬水入鸭子荡水库,作为宁东能源化工基地工业、生活、生态用水的水源。鸭子荡水库经二期扩建改造后,现状正常蓄水位 1 255.80 m,坝顶高程 1 258.00 m,总库容 4 407 万 m³。

大柳树东干渠建成后,改由大柳树东干渠 250 km 附近引水,该断面东干渠水位 1 310 m 左右,高于坝顶高程,可以自流输水进入鸭子荡水库。

该段东干渠穿越宁东能源化工基地,采用有压输水方式,钢筋混凝土箱涵结构。引水口位置为东干渠 250+000,引水流量根据宁东 2035 年需水量和大柳树东干渠年运行时间计算,取 22.5 m³/s。由鸭子荡水库库尾入库,以减少水库坝前淤积,入库线路长度 500 m。

6. 上海庙能源化工基地供水工程

现状上海庙能源化工基地供水工程通过宁东能源化工基地供水工程一泵站取水,经一级扬水入水洞沟水库,作为上海庙能源化工基地用水的水源。

水洞沟水库现状正常蓄水位 1 180.00 m,坝顶高程 1 182.80 m,总库容 1 224 万 m³。

大柳树东干渠建成后,改由大柳树东干渠 260 km 附近引水,该断面东干渠水位 1 305 m 左右,高于坝顶高程,可以自流输水进入水洞沟水库,引水流量 6.5 m³/s。此外,该引水线路可结合月牙湖、陶乐灌区的供水一并考虑,引水入库线路长度 16 km。

8.3.1.4　主要建筑物

1. 宁东干渠

根据《宁夏中南部后备土地利用现状规划研究》(宁夏水利水电勘测设计研究院有限公司,2018 年 12 月),东干渠总长度 260 km,主要采用明渠输水,按梯形实用经济断面设计。干渠沿线地层岩性以第四系土或砂砾石土为主,地下水埋藏较深,渠道冻胀问题不突出,水深一般为 3.0~3.5 m。参考《灌溉与排水工程设计规范》(GB/T 50288—2018)、《渠道防渗工程技术规范》(GB/T 50600—2010)、《灌溉渠道衬砌工程技术规范》(DB 64/T 811—2012)等相关技术规范,樊家庙分水前的 3 省(区)共用干渠内边坡统一采用 1:1.75,樊家庙分水后的宁蒙共用干渠内边坡一般采用 1:1.5,穿越沙地渠段采用 1:2.0。对于深挖方渠道,采用复式断面,在渠堤以上每隔 5 m 设宽度 1.0 m 的戗道,渠道边坡系数一般取1.0~1.5,并根据稳定分析计算确定。对于高填方渠道,在渠底以下每隔5 m设宽度1.0 m的戗道,渠道边坡系数一般取1.5~1.75。两岸渠顶宽度统一采用4.0 m。渠道底宽、渠深根据不同分段流量分别确定。

干渠采取全断面防渗砌护,以减少渠道输水渗漏损失。防渗砌护形式采用预制混凝土板+土工膜结构。混凝土砌护板厚10 cm,土工膜采用一布一膜(0.3 mm膜+150 g布),板膜之间设30 mm厚M5水泥砂浆垫层。

根据干渠特征参数和沿线地形条件、灌区分布高程,初步拟定渠首—樊家庙之间的3省(区)共用干渠比降采用1/10 000,樊家庙之后的宁蒙干渠采用1/8 000。

工程主要建筑物有22处(段)。有穿越烟洞山、碾子沟梁等隧洞5段,总长37.8 km;跨越清水河、苦水河等较大河流、沟道渡槽14处,总长16.1 km。穿越白芨滩自然保护区渠涵2处,总长16 km,穿越宁东能源化工基地倒虹总长16 km。另外有宁东干渠沿线分水口11处。主要建筑物详见表8-7、表8-8。

表8-7　宁夏东干渠主要建筑物统计

分类	数量(段、处)	长度(m)
隧洞	5	37 800
渡槽	14	16 100
渠涵	2	16 000
倒虹	1	16 000

表8-8　宁东总干渠主要分水口位置

序号	分水口	桩号
1	南山台子扬水接口	24+800
2	同心扬水接口	49+000
3	固海扬水接口	62+000
4	长山头扬水接口	71+000
5	固海扩灌扬水接口	71+150
6	红寺堡扬水接口	83+200
7	陕西干渠泵站	145+000
8	盐环定扬水接口	166+700
9	宁东能源化工基地	243+500
10	上海庙能源化工基地	250+000
11	长城宁蒙分界	260+000

注:表中数据来自《宁夏中南部后备土地利用现状规划研究(送审稿)》(宁夏水利水电勘测设计研究院有限公司,2018年12月)。

2. 陕甘宁干管

陕西干渠从宁东干渠145+000处分水,在分水处建羊坊滩泵站,之后均为压力输水段。共用生活供水线路总长度782.1 km,其中主线399.5 km(隧洞长度67 km,管道长度332.5 km),支线382.6 km(隧洞长度26 km,管道长度356.6 km)。

压力输水段总长 782.1 km。共有加压泵站 5 座,总装机容量 6 万 kW;其中主线泵站 3 座,红孙支线 1 座,同心支线专用 1 座,主线总扬程为 255 m,最大提升扬程(同心支线) 269 m。压力输水管道长 689.1 km;隧洞 5 处,长 93.0 km。

3. 鄂托克旗干渠

内蒙古鄂托克旗干渠长 46 km,拟布置建筑物 15 座,其中渡槽 1 座,长 600 m;节制闸 4 座,泄水闸 1 座,分水闸 3 座。

8.3.2　黄河左岸供水系统

黄河左岸供水系统主要供水范围为宁夏、甘肃民勤县、内蒙古阿拉善左旗,供水对象 为农田灌溉及工业和生活供水。2035 年,灌溉规模达到 238.4 万亩,其中宁夏 68.4 万 亩,民勤县灌溉 100 万亩,内蒙古阿拉善左旗灌区 69.9 万亩。灌区及供水范围内工业和 生活需水全部由黑山峡河段工程供给,总供水量 9.88 亿 m³。

8.3.2.1　引水规模

1. 农业引水规模

根据 8.3.1.1 节分析,采用 2035 年灌溉面积及综合灌水模数进行引水流量设计。本 次 2035 年设计灌水率取 0.3 m³/(s·万亩)。

经分析,黄河左岸农业引水流量 71.5 m³/s,其中宁夏灌区引水流量 20.5 m³/s,甘肃 民勤县引水流量 30.0 m³/s,阿拉善左旗灌区引水流量 21.0 m³/s。

2. 工业和生活供水

依据《室外给水设计规范》(GB 50013—2006),城乡供水工程需要计及配水管网的漏 损水量和未预见水量等。本次设计管网漏损水量、未预见水量及水厂自用水量分别取相 应计算基数的 10%、8% 和 5%;考虑到输水工程较长,从水源到自来水厂的管线损失水量 计及 4%。鉴于水厂供水规模为最高日供水量,故供水管线流量在平均流量基础上考虑 1.1 日变化系数。

工业和生活总引水流量为 23.6 m³/s,其中宁夏干渠 23.1 m³/s,甘肃 0.4 m³/s,内蒙 古 0.1 m³/s。

3. 总引水规模

宁西总干渠渠首引水 95.2 m³/s,其中民勤总干渠 30.4 m³/s,阿拉善左旗干渠 21.1 m³/s。详见表 8-9 黄河左岸供水系统干渠供水规模汇总表。

表 8-9　黄河左岸供水系统干渠供水规模汇总

序号	分省(区)	现有灌溉面积(万亩)			新增灌溉面积(万亩)			大柳树灌区分水流量(m³/s)		
		农田	林草	合计	农田	林草	合计	现有灌区	新增灌区	合计
一	灌区供水	28.03	49.10	77.13	22.77	138.51	161.28	23.1	48.4	71.5
1	宁夏灌区	19.82	36.80	56.62	2.97	8.92	11.89	17.0	3.5	20.5
2	石羊河灌区					100.0	100.0		30.0	30.0

续表 8-9

序号	分省(区)	现有灌溉面积(万亩)			新增灌溉面积(万亩)			大柳树灌区分水流量(m³/s)		
		农田	林草	合计	农田	林草	合计	现有灌区	新增灌区	合计
3	阿拉善左旗灌区	8.21	12.30	20.51	19.80	29.59	49.39	6.2	14.9	21.0
二	工业生活供水									25.8
1	宁夏									25.3
2	甘肃									0.4
3	内蒙古									0.1
三	左岸总引水流量									95.2
1	宁西总干渠									43.6
2	民勤总干渠									30.4
3	阿拉善左旗干渠									21.1

8.3.2.2 引水水位

大柳树生态灌区引水干渠的水位主要与枢纽的汛限水位和死水位有关,基于以往研究成果(分析详见 8.3.1.1),本研究暂取汛限水位 1 365 m、死水位 1 330 m。

对于大柳树西干渠而言,灌区主要分布在贺兰山东麓,按照自流灌溉对水位的要求,干渠水位在 1 310 m 以下即可;从地形条件分析,主要是过沙坡头自然保护区和腾格里沙漠,地面高程 1 300~1 445 m,长度约 27 km,采用较高的引水水位将有利于干渠布置;按内蒙古孪井滩扬水二泵站前池水位推求的西干渠引水水位最低 1 325 m;从甘肃民勤扬水的取水需求分析,基于长流水取水方案,西干渠的最低水位 1 300 m,从降低扬程、缩短隧洞长度考虑,1 350 m 较好。大柳树西干渠承担银川都市圈城乡西线供水,供水保证率要求高,按水库死水位 1 330 m 较好。

综合上述分析,本研究西干渠引水水位按 1 330 m 进行大柳树引水干渠的工程规划。

8.3.2.3 工程总布置

黄河左岸输水干渠(西干渠)系统由一条自流输水干渠和两条扬水干渠组成,分别负担宁夏、内蒙古和甘肃等 3 省(区)灌区及工业和生活的供水任务。

1. 宁西总干渠

西干渠自大柳树坝址 1 330 m 取水后,穿夜明山隧洞,跨长流水沟,避开沙坡头自然保护区,并在其西侧以隧洞或暗渠的形式穿越腾格里沙漠东缘,在 39+250 处向内蒙古阿拉善左旗灌区(孪井滩扬水)分水。宁夏干渠以自流输水方式东行过单梁山、大佛寺沟、枣园沟后进入生态移民渠口农场太阳梁扬水灌区,过四眼井沟(红崖沟)进入青铜峡市境内,采用暗渠方式紧邻包兰铁路西侧穿越马场滩军事靶场,过碱沟后出靶场,以明渠方式过鸽子山、甘城子,然后再以暗渠方式穿越靶场,过永宁县界后出靶场改为明渠,沿闽宁镇西部向北,至银巴公路再改为暗渠向东至青铜峡西干渠西侧折向北,避开西夏王陵、贺兰山机场等,于西夏陵区北侧折向西,大体至 1 200 m 等高线折向北,止于贺兰县暖泉,全长

240 km,其中,穿越腾格里沙漠避让沙坡头自然保护区长度 27 km;穿越军事靶场两段、总长 40 km;穿越王陵、机场等重要保护区长度 22 km,共计 89 km。

2. 内蒙古阿拉善左旗干渠

宁西总干渠渠首以下 39 km 干渠为宁夏与内蒙古灌区的公共引水干渠。内蒙古阿拉善左旗灌区(孛井滩扬水)干渠从宁西总干渠 39+250 处分水,分水流量 21.1 m³/s。分水后沿通湖山坡脚而行,再折向东奔一条山,经三级扬水提升至 1 400 m,过目山水库后再经二级提水,水位升至 1 424 m 高程,渠线继续东行北折,穿过贺兰山余脉大豁口、再绕行乱井盆地,过落子山、长流水沟至腰坝,全长 167 km(连同宁夏共同干渠 39 km,干渠总长 206 km)。

3. 民勤总干渠

民勤总干渠主要供给甘肃民勤县生态灌区 100 万亩及少量城镇生活供水,总引水流量 30.4 m³/s。民勤总干渠从宁西总干渠 2+000 处分水,分水处水位 1 329.75 m,经三级泵站加压,向西经过腾格里沙漠,在红崖山水库下游注入石羊河干流(外河与跃进总干渠连通处,高程约 1 395 m),渠道总长 247 km,扬程 150 m。

8.3.2.4 主要建筑物

1. 宁西总干渠

西干渠按梯形实用经济断面设计,水深一般为 3.0 m 以下,内边坡坡比一般采用 1:1.5。对于深挖方渠道,采用复式断面,在渠堤以上每隔 5 m 设宽度 1.0 m 的戗道,渠道边坡系数一般取 1.0~1.5,并根据稳定分析计算确定。对于高填方渠道,在渠底以下每隔 5 m 设宽度 1.0 m 的戗道,渠道边坡系数一般取 1.5~1.75。两岸渠顶宽度统一采用 4.0 m。

干渠采取全断面防渗砌护,以减少渠道输水渗漏损失。防渗砌护形式采用预制混凝土板+土工膜结构。混凝土砌护板厚 10 cm,土工膜采用一布一膜(0.3 mm 膜+150 g 布),板膜之间设 30 mm 厚 M5 水泥砂浆垫层。

根据干渠的特征参数和沿线地形条件、灌区分布高程,初步拟定渠首—孛井滩取水泵站(39+250)之间的宁蒙共用干渠比降采用 1/8 000,孛井滩取水泵站之后的宁夏干渠采用 1/5 000。

工程线路总长度 240 km,主要采用明渠输水。主要建筑物有 18 座,其中隧洞 2 段,总长 10 km;渠涵 2 座,总长 20 km。渡槽 11 处,总长 2 750 m。另外,西干渠有主要分水口 3 处。主要建筑物详见表 8-10、表 8-11。

表 8-10　宁西干渠主要建筑物统计

分类	数量(段、处)	长度(m)
隧洞	2	10 000
渡槽	11	2 750
渠涵	2	20 000
倒虹	3	72 000

表 8-11　宁西干渠主要分水口

序号	分水口	桩号
1	民勤扬水取水口	2+000
2	孪井滩扬水接口	39+250
3	太阳梁扬水接口	101+500

2. 内蒙古阿拉善左旗干渠

阿拉善左旗干渠自宁西干渠 39+250 处分水,后经 5 级扬水至孪井滩,再向北引水至腰坝滩。干渠全长 167 km。渠道比降前 20 km 为 1/8 000,后段 1/5 000~1/10 000,边坡系数 1.5~2。

干渠采取全断面防渗砌护,以减少渠道输水渗漏损失。防渗砌护形式采用预制混凝土板+土工膜结构。混凝土砌护板厚 10 cm,土工膜采用一布一膜(0.3 mm 膜+150 g 布),板膜之间设 30 mm 厚 M5 水泥砂浆垫层。

干渠上共布置建筑物 49 座,其中扬水站 6 座,节制闸及进水闸 3 座,隧洞 1 座长 2 000 m,渡槽 11 座总长 19 km。

3. 民勤总干渠

民勤总干渠按梯形实用经济断面设计,水深一般为 3.0 m 以下,内边坡坡比一般采用 1:1.5。渠道底宽 5 m,水深 2.5 m,渠深 3.33 m。

干渠采取全断面防渗砌护,以减少渠道输水渗漏损失。防渗砌护形式采用预制混凝土板+土工膜结构。混凝土砌护板厚 10 cm,土工膜采用一布一膜(0.3 mm 膜+150 g 布),板膜之间设 30 mm 厚 M5 水泥砂浆垫层。

根据干渠的特征参数和沿线地形条件、灌区分布高程,初步拟定干渠采用 1/8 000。工程线路总长度 247 km,主要采用明渠输水。主要建筑物有提水泵站 3 座,隧洞 1 段,长约 20 km。

9 结论与主要建议

9.1 结 论

黑山峡河段工程供水范围为陕西的榆林、延安市,甘肃的武威、庆阳市,宁夏的石嘴山、银川、吴忠、中卫、固原市,内蒙古的鄂尔多斯、阿拉善盟等4省(区),共11个市(盟)。供水人口839.4万人,其中宁夏、陕西、甘肃、内蒙古受益人口分别为545.7万人、166.0万人、110.0万人和17.6万人。

2035年,供水范围总需水量为34.5亿 m^3,可供水量约为31.5亿 m^3,其中当地地表水0.12亿 m^3、地下水1.98亿 m^3、其他水源2.81亿 m^3、引黄水量11.73亿 m^3、西线调入水量14.89亿 m^3,总缺水量为3.0亿 m^3,全部为灌溉缺水。黑山峡河段工程规划供水量为26.44亿 m^3。

2050年方案一和方案二总需水量分别为51.4亿 m^3 和70.0亿 m^3,可供水量约为51.3亿 m^3,其中当地地表水0.12亿 m^3、地下水2.35亿 m^3、其他水源3.96亿 m^3、引黄水量11.73亿 m^3、西线调入水量33.18亿 m^3,方案一不缺水,方案二总缺水量为18.7亿 m^3,全部为灌溉缺水。

9.2 主要建议

9.2.1 尽快启动黑山峡河段工程建设

黄河黑山峡河段工程影响范围广,但基础设施条件薄弱,水资源稀缺,50%以上的地区依然靠天吃饭,总体经济较落后,亟须加强基础设施一体化建设,形成配套完善的水利设施、快捷畅通的交通网络和安全清洁的能源保障体系,增强发展高效生态经济的支撑能力。

水资源短缺是制约黑山峡河段工程影响范围农牧业发展的最大瓶颈。干旱、半干旱地区的发展关键在水,希望在水,解决水资源问题的根本途径是水利工程的调蓄和保障,因此黑山峡河段工程的建设是经济社会和生态建设的先决条件。依托该项工程,推进黄河中上游地区水资源的优化配置,按照节约优先、优化配置、有效保护、综合治理的原则,加强水利建设规划,加大工程措施力度,加快大中型灌区续建配套和节水改造,促进水资源的合理开发和高效利用,建设节水型社会,最大限度地发挥水资源综合利用效益。

黄河黑山峡河段工程作为黄河调水调沙体系的重要组成部分,同时构成了南水北调西线工程最为重要的调蓄工程,对保障黄河上中游地区的供水安全、能源安全和生态安全等具有不可替代的作用。建设黑山峡河段工程,对于维护黄河健康生命、保证黄河安澜、改善黄河中下游地区的生态环境、促进西北地区经济可持续发展、促进民生改善、建设生态文明都具有重大意义。

黑山峡河段工程历经 60 多年的长期研究论证,规划依据明确,关键技术问题结论清楚。根据黄河治理开发保护以及区域经济社会发展需要,工程开发建设已极为迫切。建议加快推进黑山峡河段工程项目前期工作,尽快决策河段开发方案,争取早日开工建设,尽早发挥效益。

9.2.2　加快推进南水北调西线前期工作步伐

我国西北地区属于内陆干旱、半干旱地区,特殊的自然地理、气象条件和水资源禀性,决定了水在西北地区经济社会发展和生态环境建设中的极端重要性。

南水北调西线工程对于从根本上解决黄河流域缺水问题具有不可替代性,在国家"三纵三横"水资源配置战略格局中具有重要地位,是实现"空间均衡"的重大举措。20世纪 50 年代起开展前期论证,近期正在开展规划方案必选论证。建议加快前期工作步伐,尽快启动可研阶段工作,为实现工程尽早开工建设奠定基础。

9.2.3　加强生态环境保护,推动地方经济社会高质量发展

落实全国主体功能区规划,加强重要生态功能区的生态保护和修复,保障生态安全。依托山体、河流、干渠等自然生态空间,积极推进六盘山中部干旱带生态区、平原生态涵养区、沿黄生态涵养带建设,构筑区域生态网络。重点在内蒙古、宁夏、甘肃草原荒漠化防治区开展以草原恢复、防风固沙为主要内容的综合治理,加强沙区林草植被保护及牧区水利设施、人工草场和防护林建设;在陕西、甘肃、宁夏黄土高原丘陵沟壑区开展以防治水土流失为主要内容的综合治理,大力开展植树造林、封山育林育草、淤地坝建设,加强小流域山水田林路综合整治。继续实施退耕还林、退牧还草、天然林保护、三北防护林等重点生态工程。

积极开展农产品产地重金属污染防治和农业面源污染监测,加快农村河道、水环境的综合治理。建立完善的生态补偿机制,支持六盘山生态补偿示范区建设。深化生态环保国际合作,引导国内外资金投向生态环保项目。

黑山峡河段工程受水区范围内人均 GDP 低于黄河流域和全国平均水平,产业发展起点较低,工业化进程缓慢,经济社会发展相对滞后,与东、中部地区差距较大。建议未来依托当地产业特点,加快推进清真食品、绿色果蔬农副产品加工产业,枸杞、中药材种植及深加工产业,羊绒、草畜产业,风电及光伏新能源产业等适合当地特色的产业布局,促进区域经济高质量发展。

参考文献

[1] 黄河水利委员会勘测规划设计研究院.黄河大柳树灌区规划研究报告[R].郑州:黄河水利委员会勘测规划设计研究院,1990.

[2] 宁夏水利水电工程咨询公司.大柳树生态经济区及供水规划研究[R].宁夏水利水电工程咨询公司,2007.

[3] 北京大学,南开大学.大柳树生态经济区生态农牧业开发模式选择及其生态效益评估[R].北京大学,2015.

[4] 宁夏水利水电勘测设计研究院有限公司.大柳树生态灌区复核分析报告[R].宁夏水利水电勘测设计研究院有限公司,2014.

[5] 宁夏水利水电勘测设计研究院有限公司.宁夏中南部后备土地利用现状规划研究[R].宁夏水利水电勘测设计研究院有限公司,2018.

[6] 黄河勘测规划设计研究院有限公司.陕甘宁革命老区供水工程规划报告[R].黄河勘测规划设计研究院有限公司,2021.

[7] 杨振立,段高云,郭兵托,等.黄河黑山峡河段的功能定位和开发任务[J].人民黄河,2013,35(10):40-41,44.

[8] 郭诚谦.论大柳树水库的主要作用[J].水利水电技术,2002,33(6).

[9] 赵业安,张红武,温善章.论黄河大柳树水利枢纽工程的战略地位与作用[J].人民黄河,2002(2):5-8,50.

[10] 段高云,郭兵托,贺顺德.黑山峡水库对黄河宁蒙河段的综合作用[J].人民黄河,2010,32(9):145-147.

[11] 郭秉晨.大柳树深思:黄河黑山峡大柳树水利枢纽工程在国家的战略地位和对区域发展的作用研究[M].北京:中国经济出版社,2015.

[12] 梅成瑞.黄河大柳树灌区开发在区域经济发展中的作用[J].干旱区资源与环境,1993(Z1):432-434.